The NASA STI Program Office ... in Profile

Since its founding, NASA has been dedicated to the advancement of aeronautics and space science. The NASA Scientific and Technical Information (STI) Program Office plays a key part in helping NASA maintain this important role.

The NASA STI Program Office is operated by Langley Research Center, the lead center for NASA's scientific and technical information. The NASA STI Program Office provides access to the NASA STI Database, the largest collection of aeronautical and space science STI in the world. The Program Office is also NASA's institutional mechanism for disseminating the results of its research and development activities. These results are published by NASA in the NASA STI Report Series, which includes the following report types:

- TECHNICAL PUBLICATION. Reports of completed research or a major significant phase of research that present the results of NASA programs and include extensive data or theoretical analysis. Includes compilations of significant scientific and technical data and information deemed to be of continuing reference value. NASA's counterpart of peer-reviewed formal professional papers but has less stringent limitations on manuscript length and extent of graphic presentations.

- TECHNICAL MEMORANDUM. Scientific and technical findings that are preliminary or of specialized interest, e.g., quick release reports, working papers, and bibliographies that contain minimal annotation. Does not contain extensive analysis.

- CONTRACTOR REPORT. Scientific and technical findings by NASA-sponsored contractors and grantees.

- CONFERENCE PUBLICATION. Collected papers from scientific and technical conferences, symposia, seminars, or other meetings sponsored or cosponsored by NASA.

- SPECIAL PUBLICATION. Scientific, technical, or historical information from NASA programs, projects, and mission, often concerned with subjects having substantial public interest.

- TECHNICAL TRANSLATION. English-language translations of foreign scientific and technical material pertinent to NASA's mission.

Specialized services that complement the STI Program Office's diverse offerings include creating custom thesauri, building customized databases, organizing and publishing research results ... even providing videos.

For more information about the NASA STI Program Office, see the following:

- Access the NASA STI Program Home Page at http://www.sti.nasa.gov/STI-homepage.html

- E-mail your question via the Internet to help@sti.nasa.gov

- Fax your question to the NASA Access Help Desk at (301) 621-0134

- Telephone the NASA Access Help Desk at (301) 621-0390

- Write to:
  NASA Access Help Desk
  NASA Center for AeroSpace Information
  7121 Standard Drive
  Hanover, MD 21076-1320

NASA/TP—2002–211618

Annular and Total Solar Eclipses of 2003

Fred Espenak, NASA Goddard Space Flight Center, Greenbelt, Maryland, U.S.A.

Jay Anderson, Environment Canada, Winnipeg, Manitoba, Canada

National Aeronautics and
Space Administration

Goddard Space Flight Center
Greenbelt, Maryland 20771

October 2002

Available from:

NASA Center for AeroSpace Information 7121 Standard Drive Hanover, MD 21076-1320 Price Code: A17	National Technical Information Service 5285 Port Royal Road Springfield, VA 22161 Price Code: A10

Preface

This work is the ninth in a series of NASA publications containing detailed predictions, maps and meteorological data for future central solar eclipses of interest. Published as part of NASA's Technical Publication (TP) series, the eclipse bulletins are prepared in cooperation with the Working Group on Eclipses of the International Astronomical Union and are provided as a public service to both the professional and lay communities, including educators and the media. In order to allow a reasonable lead time for planning purposes, eclipse bulletins are published 12 to 24 months before each event.

Single copies of the bulletins are available at no cost by sending a 9 x 12 inch self addressed stamped envelope with postage for 12 oz. (340 g.). Detailed instructions and an order form can be found at the back of this publication.

Unlike previous publications in this series each of which focused on a single event, the current bulletin covers predictions for two disparate solar eclipses. The annular eclipse of 2003 May 31 has a short broad path which stretches from northern Scotland to Iceland and central Greenland. Six months later, the total eclipse of 2003 November 23 sweeps across Antarctica. To include both of these very different eclipses into one publication, we've organized the bulletin into three sections:

Section 1.0 - Annular Solar Eclipse of 2003 May 31
Section 2.0 - Total Solar Eclipse of 2003 November 23
Section 3.0 - Eclipse Resources

The figures, tables and sub-sections in each of these divisions are labeled with decimal numerals to quickly identify which section they refer to (e.g., Figure 2.3 is part of Section 2.0). This organization will make it easier to navigate around the publication.

The 2003 bulletin uses the World Data Bank II (WDBII) mapping data base for the path figures. WDBII outline files were digitized from navigational charts to a scale of approximately 1:3,000,000. The data base is available through the *Global Relief Data CD-ROM* from the National Geophysical Data Center.

The geographic coordinates data base includes over 90,000 cities and locations. This permits the identification of many more cities within the umbral paths and their subsequent inclusion in the local circumstances tables. These same coordinates are plotted in the path figures and are labeled when the scale allows. The source of these coordinates is Rand McNally's *The New International Atlas*. A subset of these coordinates is available in a digital form which we've augmented with population data.

The bulletins have undergone a great deal of change since their inception in 1993. The expansion of the mapping and geographic coordinates data bases have significantly improved the coverage and level of detail demanded by eclipse planning. Some of these changes are the direct result of suggestions from our readers. We strongly encourage you to share your comments, suggestions and criticisms on how to improve the content and layout in subsequent editions. Although every effort is made to ensure that the bulletins are as accurate as possible, an error occasionally slips by. We would appreciate your assistance in reporting all errors, regardless of their magnitude.

We thank Dr. B. Ralph Chou for a comprehensive discussion on solar eclipse eye safety. Dr. Chou is Professor of Optometry at the University of Waterloo and he has over twenty-five years of eclipse observing experience. As a leading authority on the subject, Dr. Chou's contribution should help dispel much of the fear and misinformation about safe eclipse viewing.

Dr. Joe Gurman (GSFC/Solar Physics Branch) has made this and previous eclipse bulletins available over the Internet. They can be read or downloaded via the World Wide Web from Goddard's Solar Data Analysis Center eclipse information page: *http://umbra.nascom.nasa.gov/eclipse/*.

In 1996, Espenak launched the *NASA Eclipse Home Page*, a web site which provides general information on every solar and lunar eclipse occurring during the period 1951 through 2050. An online catalog also lists that date and characteristics of every solar and lunar eclipse from 2000 BC through AD 3000. The URL for the site is: *http://sunearth.gsfc.nasa.gov/eclipse/eclipse.html*.

In addition to the general information web site above, two special web sites have been set up:

2003 annular solar eclipse – *http://sunearth.gsfc.nasa.gov/eclipse/ASE2003/ASE2003html*
2003 total solar eclipse – *http://sunearth.gsfc.nasa.gov/eclipse/TSE2003/TSE2003html*

These sites include supplemental predictions, figures, tables and maps.

Since the eclipse bulletins are of a limited and finite size, they cannot include everything needed by every scientific investigation. Some investigators may require exact contact times which include lunar limb effects or for a specific observing site not listed in the bulletin. Other investigations may need customized predictions for an aerial rendezvous or from the path limits for grazing eclipse experiments. We would like to assist such investigations by offering to calculate additional predictions for any professionals or large groups of amateurs. Please contact Espenak with complete details and eclipse prediction requirements.

We would like to acknowledge the valued contributions of a number of individuals who were essential to the success of this publication. The format and content of the NASA eclipse bulletins has drawn heavily upon over 40 years of eclipse *Circulars* published by the U.S. Naval Observatory. We owe a debt of gratitude to past and present staff of that institution who have performed this service for so many years. The many publications and algorithms of Dr. Jean Meeus have served to inspire a life-long interest in eclipse prediction. Prof. Jay M. Pasachoff reviewed the manuscript and offered many helpful suggestions. Internet availability of the eclipse bulletins is due to the efforts of Dr. Joseph B. Gurman. The support of Environment Canada is acknowledged in the acquisition of the weather data.

Permission is freely granted to reproduce any portion of this publication, including data, figures, maps, tables and text. All uses and/or publication of this material should be accompanied by an appropriate acknowledgment (e.g., "Reprinted from *Annular and Total Solar Eclipses of 2002,* Espenak and Anderson, 2002"). We would appreciate receiving a copy of any publications where this material appears.

The names and spellings of countries, cities and other geopolitical regions are not authoritative, nor do they imply any official recognition in status. Corrections to names, geographic coordinates and elevations are actively solicited in order to update the data base for future eclipses. All calculations, diagrams and opinions are those of the authors and they assume full responsibility for their accuracy.

Fred Espenak
NASA/Goddard Space Flight Center
Planetary Systems Branch, Code 693
Greenbelt, MD 20771
USA

email: espenak@gsfc.nasa.gov
FAX: (301) 286-0212

Jay Anderson
Environment Canada
123 Main Street, Suite 150
Winnipeg, MB,
CANADA R3C 4W2

email: jander@cc.umanitoba.ca
FAX: (204) 983-0109

Current and Future NASA Solar Eclipse Bulletins

NASA Eclipse Bulletin	RP #	Publication Date
Annular Solar Eclipse of 1994 May 10	1301	*April 1993*
Total Solar Eclipse of 1994 November 3	1318	*October 1993*
Total Solar Eclipse of 1995 October 24	1344	*July 1994*
Total Solar Eclipse of 1997 March 9	1369	*July 1995*
Total Solar Eclipse of 1998 February 26	1383	*April 1996*
Total Solar Eclipse of 1999 August 11	1398	*March 1997*

NASA Eclipse Bulletin	TP #	Publication Date
Total Solar Eclipse of 2001 June 21	*1999-209484*	*November 1999*
Total Solar Eclipse of 2002 December 04	*2001-209990*	*October 2001*
Annular and Total Solar Eclipses of 2003	*2002-211618*	*October 2002*

- - - - - - - - - - - future - - - - - - - - - - -

Annular and Total Solar Eclipses of 2005	—	*2003*
Total Solar Eclipse of 2006 March 29	—	*2004*

Contents

1.00 - Annular Solar Eclipse of 2003 May 31 1
    1.01 - Introduction 1
    1.02 - Path of Annularity 1
    1.03 - Orthographic Map of the May 31 Eclipse Path 2
    1.04 - Stereographic Map of the May 31 Eclipse Path 2
    1.05 - Detailed Maps of the Path of Annularity 3
    1.06 - Elements, Shadow Contacts and May 31 Eclipse Tables 3
    1.07 - Local Circumstances Tables for May 31 5
    1.08 - Lunar Limb Profile for May 31 6
    1.09 - Introduction to Weather Prospects for May 31 7
    1.10 - Weather Prospects for Greenland 7
    1.11 - Weather Prospects for Iceland 8
    1.12 - Weather Prospects for Scotland 8
    1.13 - Weather Strategies 9
    1.14 - Weather Web Sites for the May 31 Annular Eclipse 9
    Figures
    1.1 - Orthographic Map of 2003 May 31 Annular Eclipse 11
    1.2 - Stereographic Map of 2003 May 31 Annular Eclipse 12
    1.3 - Eclipse Path Through Europe 13
    1.4 - Path of Annularity 14
    1.5 - Annular Path Through Scotland and Faeroe Islands 15
    1.6 - Annular Eclipse Path Through Iceland 16
    1.7 - Lunar Limb Profile for 2003 May 31 at 04:05 UT 17
    Tables
    1.1 - Elements of Annular Eclipse of 2003 May 31 18
    1.2 - Shadow Contacts and Circumstances of Annular Eclipse 19
    1.3 - Path of Antumbral Shadow of Annular Eclipse 20
    1.4 - Physical Ephemeris of Antumbral Shadow of Annular Eclipse 21
    1.5 - Local Circumstances on Central Line of Annular Eclipse 21
    1.6 - Local Circumstances for Scotland and Outlying Islands 22
    1.7 - Local Circumstances for Iceland 23
    1.8 - Local Circumstances for Faeroe Islands and Greenland 24
    1.9 - Local Circumstances for England, Ireland and Wales 24
    1.10 - Local Circumstances for Europe: Albania - France 25
    1.11 - Local Circumstances for Europe: Germany - Norway 26
    1.12 - Local Circumstances for Europe: Poland - Yugoslavia 27
    1.13 - Local Circumstances for Asia Minor 28
    1.14 - Local Circumstances for Asia 29
    1.15 - Local Circumstances for Alaska & Canada 29
    1.16 - Weather Statistics for Annular Eclipse 30
    Key to Table 1.16 31

2.00 - Total Solar Eclipse of 2003 November 23 33
    2.01 - Introduction 33
    2.02 - Path of Totality 33
    2.03 - Orthographic Projection Map of the Eclipse Path 34
    2.04 - Stereographic Map of the November 23 Eclipse Path 34
    2.05 - Detailed Map of the Path of Totality 35
    2.06 - Elements, Shadow Contacts and Eclipse Path Tables 35
    2.07 - Local Circumstances Tables for November 23 37
    2.08 - Lunar Limb Profile for November 23 38

2.09 - Sky During Totality	39
2.10 - Introduction to Weather Prospects for November 23	40
2.11 - Weather Patterns	40
2.12 - Coast of Queen Mary Land - Mirny	41
2.13 - Interior of Antarctica	42
2.14 - Coast of Queen Maud Land - Maitri, Neumayer, and Novolazarevskaja	42
2.15 - Selecting a site	43
2.16 - Weather Web Sites for November 23 Total Eclipse	43

Figures

2.1 - Orthographic Map of 2003 November 23 Total Eclipse	45
2.2 - Stereographic Map of 2003 November 23 Total Eclipse	46
2.3 - Eclipse Path Through Antarctica	47
2.4 - Lunar Limb Profile for 2003 November 23 at 22:40 UT	48
2.5 - Sky During Totality for 2003 November 23 at 22:40 UT	49
2.6 - Cloud Statistics for Three Stations for November Eclipse	50

Tables

2.1 - Elements of Total Eclipse of 2003 November 23	51
2.2 - Shadow Contacts and Circumstances of Total Eclipse	52
2.3 - Path of Umbral Shadow of Total Eclipse	53
2.4 - Physical Ephemeris of Umbral Shadow of Total Eclipse	54
2.5 - Local Circumstances on Central Line of Total Eclipse	55
2.6 - Local Circumstances for Antarctica	56
2.7 - Local Circumstances for Argentina, Chile and Falkland Islands	56
2.8 - Local Circumstances for Australia	57-58
2.9 - Local Circumstances for New Zealand	58
2.10 - Local Circumstances for Indonesia	58
2.11 - Antarctic Station Climatology for Total Eclipse	59

3.00 - Eclipse Resources — 61

3.01 - Eye Safety And Solar Eclipses	61
3.02 - Sources for Solar Filters	63
3.03 - IAU Solar Eclipse Education Committee	64
3.04 - Eclipse Photography	64
3.05 - Eclipses at Cold Temperatures	66
3.06 - IAU Working Group on Eclipses	67
3.07 - International Solar Eclipse Conference	68
3.08 - NASA Eclipse Bulletins on Internet	68
3.09 - Future Eclipse Paths on Internet	68
3.10 - Special Web Sites for 2003 Solar Eclipses	69
3.11 - Predictions for Eclipse Experiments	69
3.12 - Mean Lunar Radius	69
3.13 - Algorithms, Ephemerides and Parameters	70

Figures

3.1 - Spectral Response of Solar Filters	71

Tables

3.1 - 35mm Field of View	72
3.2 - Solar Eclipse Exposure Guide	72

Bibliography — 73

References	73
Meteorology	73
Eye Safety	73
Further Reading	74

Request Form — 75

1.00 ANNULAR SOLAR ECLIPSE OF 2003 MAY 31

1.01 INTRODUCTION

On Saturday, 2003 May 31, an annular eclipse of the Sun will be visible from a broad corridor that traverses the North Atlantic. The path of the Moon's antumbral shadow begins in northern Scotland, crosses Iceland and central Greenland, and ends at sunrise in Baffin Bay (Canada). A partial eclipse will be seen within the much broader path of the Moon's penumbral shadow, which includes most of Europe, the Middle East, central and northern Asia, and northwestern North America (Figures 1.1 and 1.2).

The trajectory of the Moon's shadow is quite unusual during this event. The shadow axis passes to the far north where it barely grazes Earth's surface. In fact, the northern edge of the antumbra actually misses Earth so that one path limit is defined by the day/night terminator rather than by the shadow's upper edge. As a result, the track of annularity has a peculiar "D" shape that is nearly 1200 kilometers wide. Since the eclipse occurs just three weeks prior to the northern summer solstice, Earth's northern axis is pointed sunwards by 22.8°. As seen from the Sun, the antumbral shadow actually passes between the North Pole and the terminator. As a consequence of this extraordinary geometry, the path of annularity runs from east to west rather than the more typical west to east.

The event transpires near the Moon's ascending node in Taurus five degrees north of Aldebaran. Since apogee occurs three days earlier (May 28 at 13 UT), the Moon's apparent diameter (29.6 arc-minutes) is still too small to completely cover the Sun (31.6 arc-minutes) resulting in an annular eclipse.

1.02 PATH OF ANNULARITY

The annular eclipse begins in northern Scotland about 100 kilometers north of Glasgow when the Moon's antumbral shadow first touches down on Earth at 03:45 UT (Figures 1.3 and 1.4). The antumbra quickly extends northward as it travels on a northwestern trajectory. In Scotland, the Northwest Highlands, Loch Ness, the Isle of Lewis (Outer Hebrides), Orkney Islands and Shetland Islands all lie in the annular track where maximum eclipse occurs at or shortly after sunrise (Figure 1.5). Several minutes later, the shadow's edge reaches the Faeroe Islands (03:51 UT) where annularity lasts 03 minutes 08 seconds with the Sun 4° above the northeastern horizon.

By 03:59 UT, the leading edge of the antumbra arrives along the southeastern coast of Iceland (Figure 1.6). Traveling with a ground velocity of 2 kilometers per second, the shadow sweeps across the entire North Atlantic nation in ten minutes. The shadow is so broad that the duration of the three and a half minute annular phase varies by less than 5 seconds across all of Iceland. The capital city of Reykjavik lies in the southwest corner of the country. Here, the Sun will stand 2° high during the 3 minute 36 second annular phase. Unfortunately, the low altitude spectacle may be hidden from city dwellers by mountains lying to the northeast.

The instant of greatest eclipse[1] occurs at 04:08:18 UT when the axis of the Moon's shadow passes closest to the center of Earth (gamma[2] = +0.996). The length of annularity reaches its maximum duration of 3 minutes 37 seconds, the Sun's altitude is 3°, and the antumbra's velocity is 1.06 km/s. At that time, the shadow's axis is just 60 kilometers northwest of Iceland.

After traversing the Denmark Strait, the highly elliptical antumbra bisects Greenland where over a third of the enormous island lies within the track (Figure 1.4). Crossing the ill-named land mass, the path width rapidly shrinks as the grazing antumbra begins its return to space. From Umanak, the Sun stands 3° above the Arctic horizon during the 2 minute 24 second annular phase. Seven hundred kilometers to the south, Godthâb (Nuuk) lies completely outside the path and will not even witness a partial eclipse.

---

[1] The instant of greatest eclipse occurs when the distance between the Moon's shadow axis and Earth's geocenter reaches a minimum.

[2] Minimum distance of the Moon's shadow axis from Earth's center in units of equatorial Earth radii.

As it departs Greenland and crosses Baffin Bay, the shadow leaves Earth's surface at 04:31 UT. From start to finish, the antumbra sweeps over its entire path in a little under 47 minutes.

1.03 Orthographic Map of the May 31 Eclipse Path

Figure 1.1 is an orthographic projection map of Earth [adapted from Espenak, 1987] showing the path of penumbral (partial) and antumbral (annular) eclipse. The daylight terminator is plotted for the instant of greatest eclipse with north at the top. The point of greatest eclipse is indicated with an asterisk-like symbol. The sub-solar point (Sun in zenith) at greatest eclipse is also shown.

The limits of the Moon's penumbral shadow define the region of visibility of the partial eclipse. This saddle shaped region often covers more than half of Earth's daylight hemisphere and consists of several distinct zones or limits. At the southern boundary lies the limit of the penumbra's path. Great loops at the western and eastern extremes of the penumbra's path identify the areas where the eclipse begins/ends at sunrise and sunset, respectively. Bisecting the 'eclipse begins/ends at sunrise and sunset' loops is the curve of maximum eclipse at sunrise (western loop) and sunset (eastern loop). The exterior tangency points **P1** and **P4** mark the coordinates where the penumbral shadow first contacts (partial eclipse begins) and last contacts (partial eclipse ends) Earth's surface. The path of the antumbral shadow travels east to west and is shaded dark gray.

A curve of maximum eclipse is the locus of all points where the eclipse is at maximum at a given time. They are plotted at each half hour Universal Time (UT), and generally run in a north-south direction. The outline of the antumbral shadow is plotted every ten minutes in UT. Curves of constant eclipse magnitude[3] delineate the locus of all points where the magnitude at maximum eclipse is constant. These curves run exclusively between the curves of maximum eclipse at sunrise and sunset. Furthermore, they are quasi-parallel to the southern penumbral limit. This limit may be thought of as a curve of constant magnitude of 0%, while adjacent curves are for magnitudes of 20%, 40%, 60% and 80%.

At the top of Figure 1.1, the Universal Time of geocentric conjunction between the Moon and Sun is given followed by the instant of greatest eclipse. The eclipse magnitude is given for greatest eclipse. For central eclipses (both total and annular), it is equivalent to the geocentric ratio of diameters of the Moon and Sun. Gamma is the minimum distance of the Moon's shadow axis from Earth's center in units of equatorial Earth radii. Finally, the Saros series number is given along with the eclipse's relative sequence in the series.

1.04 Stereographic Map of the May 31 Eclipse Path

The stereographic projection of Earth in Figure 1.2 depicts the path of penumbral and antumbral eclipse in greater detail. The map is oriented with the north up. International political borders are shown and circles of latitude and longitude are plotted at 20° increments. The region of penumbral or partial eclipse is identified by its southern limit, curves of eclipse begins or ends at sunrise and sunset, and curves of maximum eclipse at sunrise and sunset. Curves of constant eclipse magnitude are plotted for 20%, 40%, 60% and 80%, as are the limits of the path of annular eclipse. Also included are curves of greatest eclipse at every half hour Universal Time.

Figures 1.1 and 1.2 may be used to quickly determine the approximate time and magnitude of maximum eclipse at any location within the eclipse path.

---

[3] Eclipse magnitude is defined as the fraction of the Sun's diameter occulted by the Moon. It is strictly a ratio of *diameters* and should not be confused with eclipse obscuration, which is a measure of the Sun's surface *area* occulted by the Moon. Eclipse magnitude may be expressed as either a percentage or a decimal fraction (e.g.: 50% or 0.50).

1.05 Detailed Maps of the Path of Annularity

The path of annularity is plotted on a series detailed maps appearing in Figures 1.3 through 1.6. The maps were chosen to isolate small regions along path using coastline data from the World Data Bank II (WDBII). The WDBII outline files are digitized from navigational charts to a working scale of approximately 1:3 million.

The positions of larger cities and metropolitan areas are depicted as black dots. The size of each city is logarithmically proportional to its population using 1990 census data (Rand McNally, 1991). City data selected from a geographic data base of over 90,000 cities are plotted to give as many locations as possible in the path of annularity. Local circumstances have been calculated for many of these positions and can be found in Tables 1.6 through 1.15.

Although no corrections have been made for center of figure or lunar limb profile, they have little or no effect at this scale. Atmospheric refraction[4] has not been included because it depends on the atmospheric temperature-pressure profile, which cannot be predicted in advance. These maps are also available on the web at *http://sunearth.gsfc.nasa.gov/eclipse/ASE2003/ASE2003.html*.

1.06 Elements, Shadow Contacts and May 31 Eclipse Tables

The geocentric ephemeris for the Sun and Moon, various parameters, constants, and the Besselian elements (polynomial form) are given in Table 1.1. The eclipse elements and predictions were derived from the DE200 and LE200 ephemerides (solar and lunar, respectively) developed jointly by the Jet Propulsion Laboratory and the U.S. Naval Observatory for use in the *Astronomical Almanac* for 1984 and thereafter. Unless otherwise stated, all predictions are based on center of mass positions for the Moon and Sun with no corrections made for center of figure, lunar limb profile or atmospheric refraction. The predictions depart from normal IAU convention through the use of a smaller constant for the mean lunar radius k for all antumbral contacts (see: LUNAR LIMB PROFILE). Times are expressed in either Terrestrial Dynamical Time (TDT) or in Universal Time (UT), where the best value of ΔT^5 available at the time of preparation is used.

From the polynomial form of the Besselian elements, any element can be evaluated for any time t_1 (in decimal hours) via the equation:

$$a = a_0 + a_1 * t + a_2 * t^2 + a_3 * t^3 \quad (\text{or } a = \sum [a_n * t^n], n = 0 \text{ to } 3)$$

where: a = x, y, d, l_1, l_2, or μ
$t = t_1 - t_0$ (decimal hours) and t_0 = 4.00 TDT

The polynomial Besselian elements were derived from a least-squares fit to elements rigorously calculated at five separate times over a six hour period centered at t_0. Thus, the equation and elements are valid over the period $1.00 \leq t_1 \leq 7.00$ TDT.

---

[4] The nominal value for atmospheric refraction at the horizon is 34 arc-minutes, but this value can vary by a factor or 2 depending on atmospheric conditions. For an eclipse in the horizon, the umbral path is shifted in the direction opposite from the Sun.
[5] ΔT is the difference between Terrestrial Dynamical Time and Universal Time (ΔT = TDT - UT).

Table 2.1 lists all contacts of penumbral and antumbral shadows with Earth. They include TDT times and geodetic coordinates with and without corrections for ΔT. The contacts are defined:

P1 — Instant of first external tangency of penumbral shadow cone with Earth's limb.
(partial eclipse begins)
P4 — Instant of last external tangency of penumbral shadow cone with Earth's limb.
(partial eclipse ends)
U1 — Instant of first external tangency of antumbral shadow cone with Earth's limb.
(annular eclipse begins)
U4 — Instant of last external tangency of antumbral shadow cone with Earth's limb.
(annular eclipse ends)

Similarly, the southern extremes of the penumbral and antumbral paths, and extreme limits of the antumbral central line are given. The IAU (International Astronomical Union) longitude convention is used throughout this publication (i.e., for longitude, east is positive and west is negative; for latitude, north is positive and south is negative).

The path of the antumbral shadow is delineated at one minute intervals in Universal Time in Table 1.3. Coordinates of the terminator limit, the antumbral limit and the central line are listed to the nearest tenth of an arc-minute (~185 m at the Equator). The Sun's altitude, path width and antumbral duration are calculated for the central line position. Table 1.4 presents a physical ephemeris for the antumbral shadow at one minute intervals in UT. The central line coordinates are followed by the topocentric ratio of the apparent diameters of the Moon and Sun, the eclipse obscuration[6], and the Sun's altitude and azimuth at that instant. The antumbral shadow's instantaneous velocity with respect to Earth's surface are included. Finally, the central line duration of the antumbral phase is given.

Local circumstances for each central line position listed in Tables 1.4 are presented in Table 1.5. The first three columns give the Universal Time of maximum eclipse, the central line duration of annularity and the altitude of the Sun at that instant. The following columns list each of the four eclipse contact times followed by their related contact position angles and the corresponding altitude of the Sun. The four contacts identify significant stages in the progress of the eclipse. They are defined as follows:

First Contact — Instant of first external tangency between the Moon and Sun.
(partial eclipse begins)
Second Contact — Instant of first internal tangency between the Moon and Sun.
(central or antumbral eclipse begins; annular eclipse begins)
Third Contact — Instant of last internal tangency between the Moon and Sun.
(central or antumbral eclipse ends; annular eclipse ends)
Fourth Contact — Instant of last external tangency between the Moon and Sun.
(partial eclipse ends)

The position angles **P** and **V** identify the point along the Sun's disk where each contact occurs[7]. Second and third contact altitudes are omitted since they are always within 1° of the altitude at maximum eclipse.

---

[6] Eclipse obscuration is defined as the fraction of the Sun's surface area occulted by the Moon.

[7] P is defined as the contact angle measured counter-clockwise from the *north* point of the Sun's disk. V is defined as the contact angle measured counter-clockwise from the *zenith* point of the Sun's disk.

1.07 LOCAL CIRCUMSTANCES TABLES FOR MAY 31

Local circumstances for ~330 cities and locations in the UK, Iceland, Europe and Asia are presented in Tables 1.6 through 1.15. These tables give the local circumstances at each contact and at maximum eclipse[8] for every location. The coordinates are listed along with the location's elevation (meters) above sea-level, if known. Otherwise, the local circumstances are calculated for sea-level. The Universal Time of each contact is given to a tenth of a second, along with position angles **P** and **V** and the altitude of the Sun. The position angles identify the point along the Sun's disk where each contact occurs and are measured counter-clockwise (i.e., eastward) from the north and zenith points, respectively. Locations outside the antumbral path miss the annular eclipse and only witness first and fourth contacts. The Universal Time of maximum eclipse (either partial or annular) is listed. Next, the position angles **P** and **V** of the Moon's disk with respect to the Sun are given, followed by the altitude and azimuth of the Sun at maximum eclipse. Finally, the corresponding eclipse magnitude and obscuration are listed. For annular eclipses, the eclipse magnitude is identical to the topocentric ratio of the Moon's and Sun's apparent diameters.

Two additional columns are included if the location lies within the path of annularity. The **antumbral depth** is a relative measure of a location's position with respect to the central line and path limits. It is a unitless parameter that is defined as:

$$\mathbf{u} = 1 - \mathrm{abs}(\mathbf{x}/\mathbf{R}) \quad [1.1]$$

where: **u** = antumbral depth
x = perpendicular distance from the shadow axis (kilometers)
R = radius of the antumbral shadow as it intersects Earth's surface (kilometers)

The antumbral depth for a location varies from 0.0 to 1.0. A position at the path limits corresponds to a value of 0.0 while a position on the central line has a value of 1.0. The parameter can be used to quickly determine the corresponding central line duration. Thus, it is a useful tool for evaluating the trade-off in duration of a location's position relative to the central line. Using the location's duration and antumbral depth, the central line duration is calculated as:

$$\mathbf{D} = \mathbf{d} / (1 - (1 - \mathbf{u})^2)^{1/2} \text{ seconds} \quad [1.2]$$

where: **D** = duration of annularity on the central line (seconds)
d = duration of annularity at location (seconds)
u = antumbral depth

The final column gives the duration of annularity. The effects of refraction have not been included in these calculations, nor have there been any corrections for center of figure or the lunar limb profile.

Locations were chosen based on general geographic distribution, population, and proximity to the path. The primary source for geographic coordinates is *The New International Atlas* (Rand McNally, 1991). Elevations for major cities were taken from *Climates of the World* (U.S. Dept. of Commerce, 1972). The city names and spellings presented here are for location purposes only and are not meant to be authoritative. They do not imply recognition of status of any location by the United States Government.

---

[8] For partial eclipses, maximum eclipse is the instant when the greatest fraction of the Sun's diameter is occulted. For total eclipses, maximum eclipse is the instant of mid-totality.

1.08 Lunar Limb Profile for May 31

Eclipse contact times, magnitude and duration of annularity all depend on the angular diameters and relative velocities of the Moon and Sun. These calculations are limited in accuracy by the departure of the Moon's limb from a perfectly circular figure. The Moon's surface exhibits a rather dramatic topography, which manifests itself as an irregular limb when seen in profile. Most eclipse calculations assume some mean radius that averages high mountain peaks and low valleys along the Moon's rugged limb. Such an approximation is acceptable for many applications, but if higher accuracy is needed, the Moon's actual limb profile must be considered. Fortunately, an extensive body of knowledge exists on this subject in the form of Watts' limb charts [Watts, 1963]. These data are the product of a photographic survey of the marginal zone of the Moon and give limb profile heights with respect to an adopted smooth reference surface (or datum). Analyses of lunar occultations of stars by Van Flandern [1970] and Morrison [1979] have shown that the average cross-section of Watts' datum is slightly elliptical rather than circular. Furthermore, the implicit center of the datum (i.e., the center of figure) is displaced from the Moon's center of mass. Additional work by Morrison and Appleby [1981] shows that the radius of the datum varies with libration producing systematic errors in Watts' original limb profile heights that attain 0.4 arc-seconds at some position angles. Thus, corrections to Watts' limb data are necessary to ensure that the reference datum is a sphere with its center at the center of mass.

The Watts charts have been digitized and may be used to generate limb profiles for any libration. Ellipticity and libration corrections can be applied to refer the profile to the Moon's center of mass. Such a profile can then be used to correct eclipse predictions which have been generated using a mean lunar limb.

The lunar limb profile in Figure 1.7 includes corrections for center of mass and ellipticity [Morrison and Appleby, 1981]. It is generated for the central line at 04:05 UT, corresponding to central Iceland. The Moon's topocentric libration (physical + optical) is l=-2.46° b=+1.28°, and the topocentric semi-diameters of the Sun and Moon are 945.5 and 888.2 arc-seconds, respectively. The Moon's angular velocity with respect to the Sun is 0.539 arc-seconds per second.

The radial scale of the limb profile (bottom of Figure 1.7) is greatly exaggerated so that the true limb's departure from the mean lunar limb is readily apparent. The mean limb with respect to the center of figure of Watts' original data is shown (dashed) along with the mean limb with respect to the center of mass (solid). Note that all the predictions presented in this publication are calculated with respect to the latter limb unless otherwise noted. Position angles of various lunar features can be read using the protractor marks along the Moon's mean limb (center of mass). The position angles of second and third contact are clearly marked along with the north pole of the Moon's axis of rotation and the observer's zenith at mid-annularity. The dashed line identifies the contact point on the north limb corresponding to the path limit. To the upper left of the profile are the Sun's topocentric coordinates at maximum eclipse. They include the right ascension *R.A.*, declination *Dec.*, semi-diameter *S.D.* and horizontal parallax *H.P.* The corresponding topocentric coordinates for the Moon are to the upper right. Below and left of the profile are the geographic coordinates of the central line at 04:05 UT while the times of the eclipse contacts at that location appear to the lower right. Directly below the profile are the local circumstances at maximum eclipse. They include the Sun's altitude, azimuth, and central duration of annularity. The position angle of the path's southern limit axis is *PA(N.Limit)* and the angular velocity of the Moon with respect to the Sun is *A.Vel.(M:S)*. At the bottom left are a number of parameters used in the predictions, and the topocentric lunar librations appear at the lower right.

In investigations where accurate contact times are needed, the lunar limb profile can be used to correct the nominal or mean limb predictions. For any given position angle, there will be a high mountain (annular eclipses) or a low valley (total eclipses) in the vicinity that ultimately determines the true instant of contact. The difference, in time, between the Sun's position when tangent to the contact point on the mean limb and tangent to the highest mountain (annular) or lowest valley (total) at actual contact is the desired correction to the predicted contact time. On the exaggerated radial scale of Figure 1.7, the Sun's limb can be represented as an epicyclic curve that is tangent to the mean lunar limb at the point of contact. Using the digitized Watts' datum, an analytical solution is straightforward and robust. Curves of corrections to the times of second and third contact for most position angles have been computer generated and plotted. The circular protractor scale at the center represents the nominal contact time using a mean lunar limb. The departure of the contact correction curves from this scale graphically illustrates the time correction to the mean predictions for any position angle as a result of the Moon's true limb profile. Time corrections external to the circular scale are added to the mean contact time; time corrections internal to the protractor are subtracted from the mean contact time. The magnitude of the time correction at a given position angle is measured using any of the four radial scales plotted at each cardinal point.

For example, Table 1.7 gives the following data for Reykjavik, Iceland:

        Second Contact = 04:02:27.6 UT   P2=254°
        Third Contact   = 04:06:03.5 UT   P3=077°

Measuring the contact time corrections in Figure 1.7, the resulting contact times are:

    C2=+3.2 seconds;   Second Contact   = 04:02:27.6 +3.2s   = 04:02:30.8 UT
    C3=-5.2 seconds;   Third Contact   = 04:06:03.5 -5.2s   = 04:05:58.3 UT

The above corrected values are within 0.1 seconds of a rigorous calculation using the true limb profile.

1.09 Introduction to Weather Prospects for May 31

The two polar eclipses of 2003 occur in the springtimes of their opposing seasons. One cannot help but be struck by their meteorological parallels — both occur in a marine environment, both have a polar ice cap to consider as an observing venue, both occur in regions of the globe that are plagued by many active low pressure systems, and both are famously cloudy over much of the track. Of the two, the annular eclipse across Greenland, Iceland and northern Scotland offers the poorer weather prospects, though it is easier to reach than November's eclipse over Antarctica. The best possible escape from the gray skies and wet climate is to select a site on the Greenland ice cap where high altitude and a drier air may bring favor on eclipse day. The same is true in Antarctica.

Low pressure systems that develop and cross North America frequently turn to the northeast when they leave the continent, eventually ending their existence over the waters between Greenland and Iceland. This location is the home of the infamous Icelandic low, a semi-permanent depression that dictates not only the weather of its home island but also the meteorology of Britain and northern Europe. The low lies at the boundary of the cold Arctic airmass that lurks to the north and the warmer maritime climate that accompanies the Gulf Stream as it flows past Iceland in its clockwise circuit of the Atlantic.

The clash of warm and cold, both in the water and the atmosphere, generates a never-ending succession of mid-latitude frontal depressions that travel toward the British Isles. In Iceland, overcast skies with rain or snow are the norm, though precipitation amounts are not especially high. With its more southerly latitude, Scotland is able to tap occasionally into the drier air around the large high-pressure system that lingers near the Azores, and so the gloominess of north Atlantic weather is relieved occasionally by southerly breezes.

1.10 Weather Prospects for Greenland

Greenland's population lives on the coastal margins of the island, especially on the western side where the ice cap lies farther back from the coast. The coasts are surmounted by the Greenland ice cap which rises to over 3000 m in mid-island. In May an east-west oriented high-pressure system lies across the north of the island while an extension of the Iceland low reaches to Cape Farewell at the southern tip. The northeasterly winds between these two semi-permanent systems bring a steady flow of cool and humid Arctic air against the sharply rising east coast. Nearly forty percent of weather observations at eclipse time at Angmagssalik (Table 1.16) have precipitation falling as a result of this onshore flow and the frequency of overcast skies is more than fifty percent.

On the west coast winds tend to be lighter and more variable, but Davis Strait is a favorite destination for lows traveling across North America, and so the coast is visited by a steady series of disturbances. Cloud cover from these systems plus a persistent fog and low cloud that arises from the cool waters of Davis Strait combine to make this side of the island as nearly as cloudy as the east. Cloud cover statistics derived from satellite images are subject to a number of complications at Greenland's latitude, but the data do show a tendency to slightly less cloud along the west coast.

Air on the ice cap is much colder and denser than that in the lowlands and there is a steady downhill flow of cold air toward the coast from the interior known as a katabatic wind. Though generally light, the katabatic flow can exceed 100 km/h when channeled by terrain. It is most common on the steep eastern coast where they are known as Piteraq. Downslope winds such as these are warmed slightly and dried by compression and reach the coast as a cold but dry flow that can clear out some of the persistent clouds and bring good eclipse viewing conditions. Though they tend to be most common in the early morning, prediction is difficult, as they are highly variable from place to place.

On the west coast, a southeast Foehn wind often develops bringing warm dry weather as it descends from the mountain peaks. It is the Greenland counterpart of the Chinook of North America. Foehn winds may last for as long as three days and are frequently followed by precipitation. They are more efficient than katabatic winds in clearing out the persistent cloudiness along the coast. A cap cloud on the nearby mountains often heralds these winds.

For the hardiest (and wealthiest) eclipse travelers, the interior ice cap likely offers the best chances for clear eclipse viewing. Observations from the cap are few in number and tend to be more concerned with temperature and wind rather than cloud cover. Automatic satellite measurements of cloudiness are unreliable because of the bright ice background and the cold temperatures of the plateau. A Russian study using ten years of imagery from 1971 to 1980 measured very good sky conditions on the ice cap — 60 to 68% of the observations had clear skies or scattered clouds and only 12 to 18% were overcast. The clouds over the ice cap are also likely to be thinner than that on the coast as the cold air inland is not capable of holding as much moisture as that at lower altitude.

1.11 WEATHER PROSPECTS FOR ICELAND

Iceland lies alongside one of the most active weather areas in the Northern Hemisphere. The Icelandic low, about 1000 km to the southwest, is the source of a frequent and endless supply of weather systems that move past the island, each one bringing its own retinue of cloud and precipitation. The Gulf Stream waters that bathe Iceland also warm the air and fill it with moisture. As this warm and humid air encounters the colder water from the Arctic basin west and north, fog and low clouds form and keep gray weather even when an active low is not present.

Southern regions are marginally more promising than those in the north, in large part because of the lower frequency of low cloud and fog. Prevailing winds tend to be from the easterly side, so that there is a modest downslope to the flow at Reykjavik and a consequent drying of the atmosphere. Clear skies are almost unknown, being less than 5% of observations at all stations save one. Because the eclipse occurs very early with the Sun only a few degrees above the northeast horizon, clear or scattered cloudiness is almost mandatory.

Satellite observations show a complex pattern of cloudiness around the island. The largest amounts are in the interior where the higher terrain promotes condensation in the atmosphere. The least cloud is found straddling the south shore, and reaches slightly inland near Keflavik and Eyrarbakki. On the basis of the available data, a location near Reykjavik would be the most promising, though a good eclipse expedition will follow the forecast rather than the climatology.

1.12 WEATHER PROSPECTS FOR SCOTLAND

In spite of its more southerly location, Scotland offers no better prospects for viewing the eclipse than Iceland or Greenland. In spite of this gloomy statement, there is approximately a one-third chance of a sunny morning for the event according to the cloud and sunshine statistics. Aberdeen sees 36% of possible sunshine in May and 34% in June, figures very close to the probability calculated in Table 1.16 (which are for the hour of the eclipse).

Once again the main culprit is the series of frequent frontal lows that pass across or north of the British Isles in their eastward migration. Virtually all of these lows will bring precipitation to northern Scotland but spring is the driest season with changeable weather and a chance of a dry spell. Inland areas tend to be cloudier than the coast, in large part because of the higher terrain that promotes the lifting of the moist air masses and their conversion into cloudy weather.

Fog is also common on the Scottish coast, but highly variable from place to place. From the data in Table 1.16, it appears that locations along Moray Firth (Inverness, Lossiemouth) have a relatively low incidence of fog while those exposed to the North Sea (Aberdeen) are much more likely to encounter it. This does not seem to have much of an impact on the probability of seeing the eclipse, for the stations within and near the track are all remarkably alike. On the Scottish mainland the most promising site is at Lossiemouth with a score of 0.34 while the least promising sites have a score of 0.30. These differences are too small to recommend one over another.

1.13 Weather Strategies

While the footprint of the lunar shadow on Earth is very large, the opportunities to view annularity are very limited. In Iceland, the distance from the capital Reykjavik to the opposite end of the island is only about 450 km (though much longer by road). Scotland's annular zone is barely more than 300 km across from the most southerly point to the mainland tip. Both of these distances are short enough to allow ready movement to a clear location on the basis of forecasts on the day before the eclipse. In Scotland, Inverness would seem to be a convenient staging point, and it has a small weather advantage to boot. In Iceland the same benefits can be extended to Reykjavik.

Rapid travel from site to site in Greenland is all but impossible unless by aircraft, and so the site selection must be on the basis of the climatology. The available evidence points to the interior ice cap as the best site by far on the entire track, but cost and opportunity will limit access there. Elsewhere in Greenland, the west coast holds more promise than the east, which dictates a site at Christianshab or Godhavn, the two largest communities within the annular zone. These sites are close to the observation sites of Egdesminde and Jacobshavn in Table 1. The Sun does not set on May 31 and so the lucky eclipse observer could be treated to a midnight sun in annular eclipse. A sequence of solar images with an eclipse just 2° above the north horizon would surely be one of the great eclipse photographs - except, perhaps, for those that can be obtained in Antarctica just six months later.

1.14 Weather Web Sites for the May 31 Annular Eclipse

World —
1. http://www.tvweather.com — Links to current and past weather and climate around the world
2. http://www.worldclimate.com/climate/index.htm — World data base of temperature and rainfall
3. http://www.accuweather.com — Forecasts for many cities worldwide
4. http://www.worldweather.org/ A site operated by the World Meteorological Organization with links to climate and meteorological data worldwide. This site is still being developed and in many instances only climate information is available.
5. http://www.fnoc.navy.mil/PUBLIC/WXMAP/index.html — U.S. Navy weather center (Fleet Numerical Meteorology and Oceanographic Center - FNMOC). This site provides several (3) model outputs for many areas of the globe. While complex to use (meteorological expertise is a real bonus), it contains a wealth of model data. Look for relative humidity forecasts for 700 hPa (hectopascals) – this is a mid-level of the atmosphere and the relative humidity forecasts provide an indication of the forecast cloud cover from larger weather systems. Use the 70% contour as the outline of cloud areas. Areas with 90% or greater will likely have precipitation. Model forecasts for six days in advance for many parts of the world are available.

Scotland, Iceland and Greenland —
1. http://weather.uwyo.edu/ - An impressive site at the University of Wyoming that allows you to build your own numerical model output. Choose "Forecasts from Numerical Models" and then "Aviation Model" to be given a choice of a model output over Scotland, Iceland, or Greenland (chose Europe). Choose 700 mb relative humidity. Values above 70% at 700 mb frequently indicate deep cloudiness.

2. http://www.nottingham.ac.uk/meteosat - Nottingham University site for obtaining satellite imagery over Scotland, Iceland and parts of Greenland. The two islands are quite distorted in the images as they lie well around the curve of the Earth from the satellite perspective.

3. http://www.sat.dundee.ac.uk/pdus/ - Dundee University site of satellite imagery for Scotland, Iceland and Greenland. Select the AV subdirectory for visual images and the AI subdirectory for infrared pictures. These are large whole-Earth images whereas Nottingham's images are sectored and only a small part of the globe needs to be selected to see either Iceland or southern Greenland.

4. http://www.weatheroffice.ec.gc.ca/charts/index_e.html - The Meteorological Service of Canada site has satellite imagery of the Canadian Arctic and frequently most of Greenland. Select "Satellite Imagery" and look for the Canadian Arctic Composite image under HRPT (NOAA polar orbiting). Because the satellites used are polar orbiters instead of geostationary satellites, the images over Greenland are very detailed.

5. http://www.met.no/satellitt/ - The Norwegian Meteorological Institute satellite web page. Rectified images of Iceland are available. Choose "Europa, animasjon:" for an animated image of Europe and the north Atlantic. The satellite site is not in English.

Annular Solar Eclipse of 2003 May 31

Figure 1.1 - Orthographic Projection Map of The Eclipse Path

Geocentric Conjunction = 04:38:15.7 UT   J.D. = 2452790.693236
Greatest Eclipse = 04:08:17.7 UT   J.D. = 2452790.672426

Eclipse Magnitude = 0.93842   Gamma = 0.99598

Saros Series = 147   Member = 22 of 80

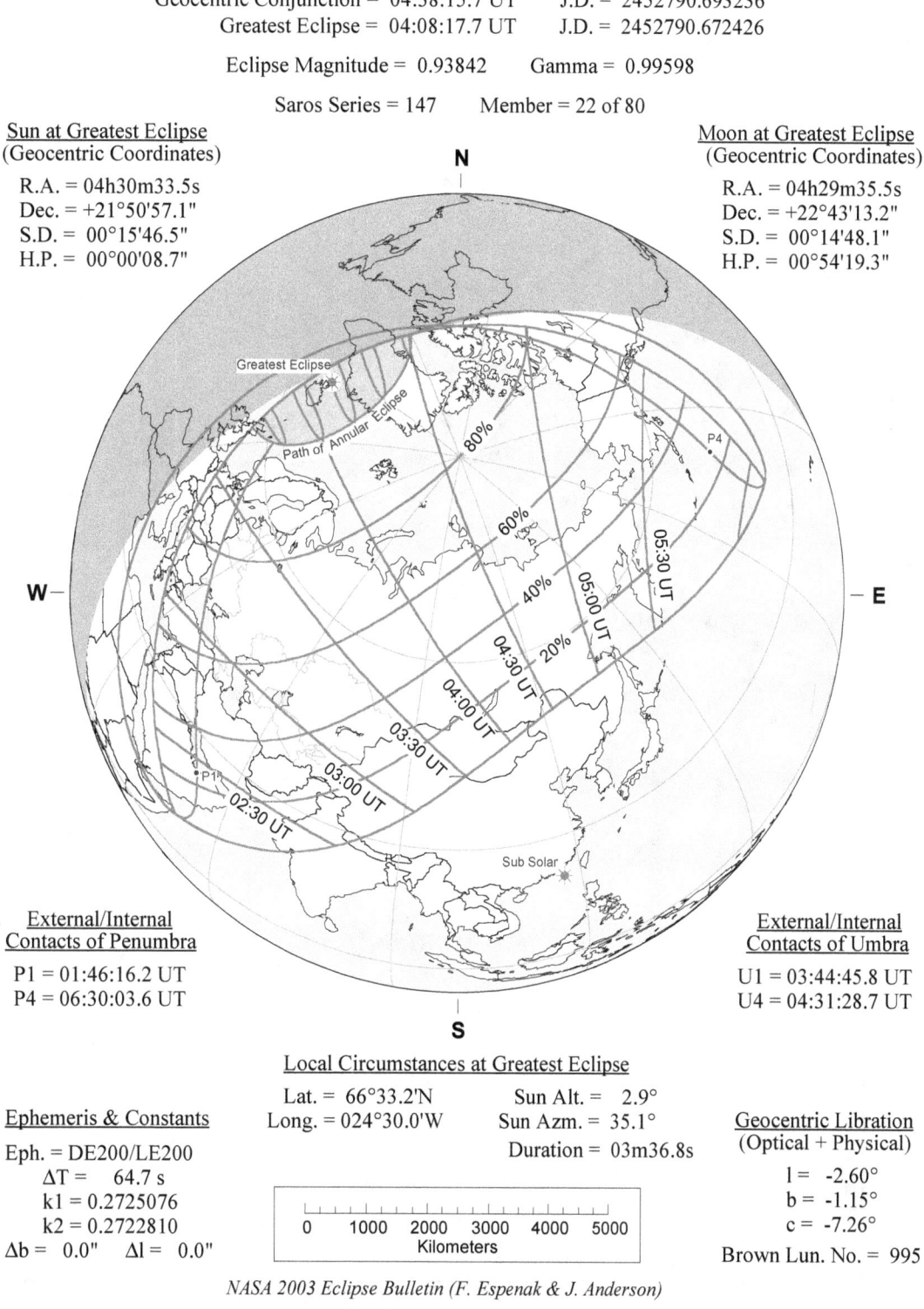

Sun at Greatest Eclipse
(Geocentric Coordinates)

R.A. = 04h30m33.5s
Dec. = +21°50'57.1"
S.D. = 00°15'46.5"
H.P. = 00°00'08.7"

Moon at Greatest Eclipse
(Geocentric Coordinates)

R.A. = 04h29m35.5s
Dec. = +22°43'13.2"
S.D. = 00°14'48.1"
H.P. = 00°54'19.3"

External/Internal
Contacts of Penumbra

P1 = 01:46:16.2 UT
P4 = 06:30:03.6 UT

External/Internal
Contacts of Umbra

U1 = 03:44:45.8 UT
U4 = 04:31:28.7 UT

Local Circumstances at Greatest Eclipse

Lat. = 66°33.2'N   Sun Alt. = 2.9°
Long. = 024°30.0'W   Sun Azm. = 35.1°
Duration = 03m36.8s

Ephemeris & Constants

Eph. = DE200/LE200
ΔT = 64.7 s
k1 = 0.2725076
k2 = 0.2722810
Δb = 0.0"   Δl = 0.0"

Geocentric Libration
(Optical + Physical)

l = -2.60°
b = -1.15°
c = -7.26°

Brown Lun. No. = 995

NASA 2003 Eclipse Bulletin (F. Espenak & J. Anderson)
sunearth.gsfc.nasa.gov/eclipse/eclipse.html

Annular Solar Eclipse of 2003 May 31

Figure 1.2 - Stereographic Projection Map of The Eclipse Path

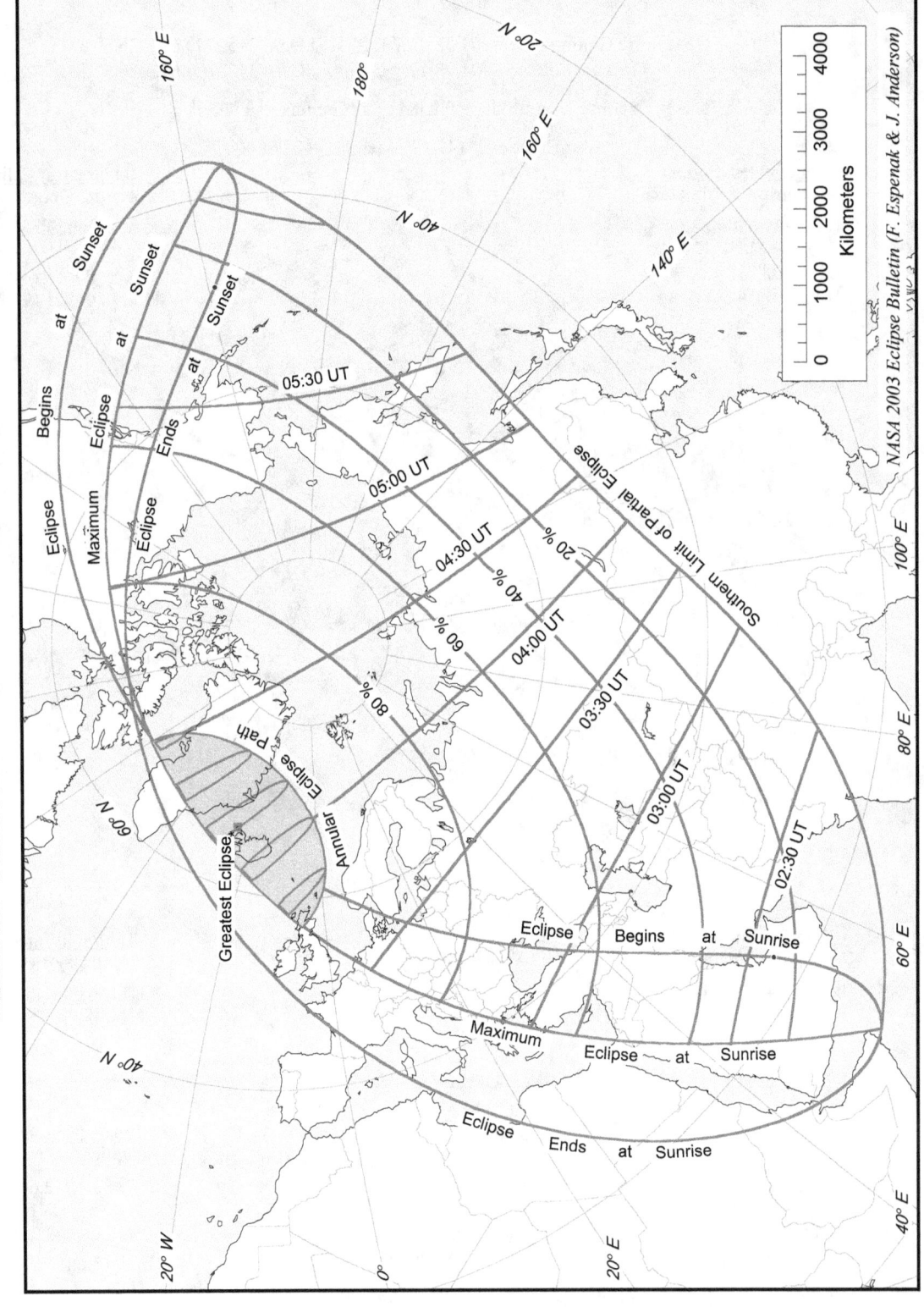

Annular Solar Eclipse of 2003 May 31
FIGURE 1.3 - THE ECLIPSE PATH THROUGH EUROPE

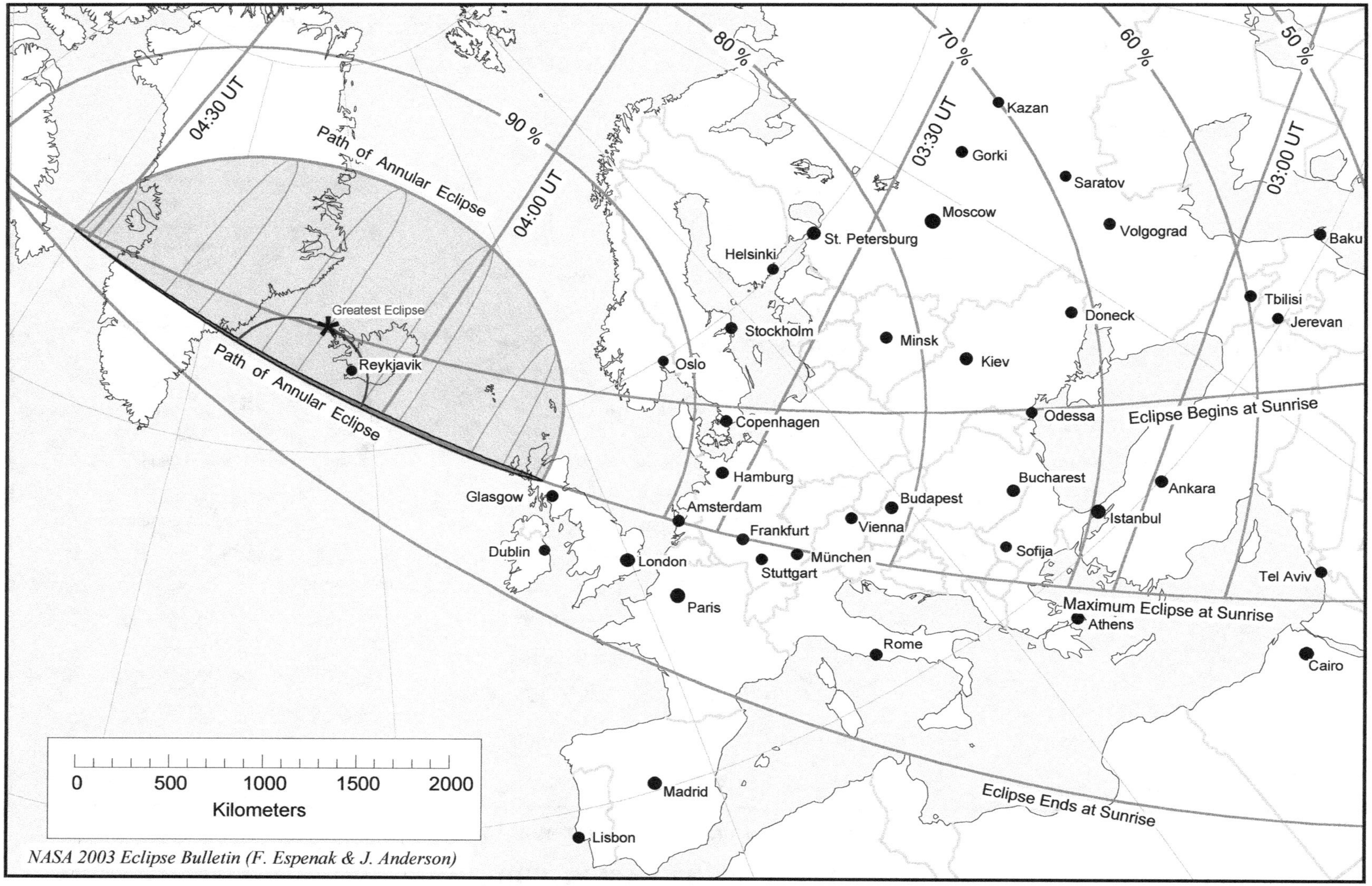

Annular and Total Solar Eclipses of 2003

Annular Solar Eclipse of 2003 May 31

Figure 1.4 - The Path of Annularity

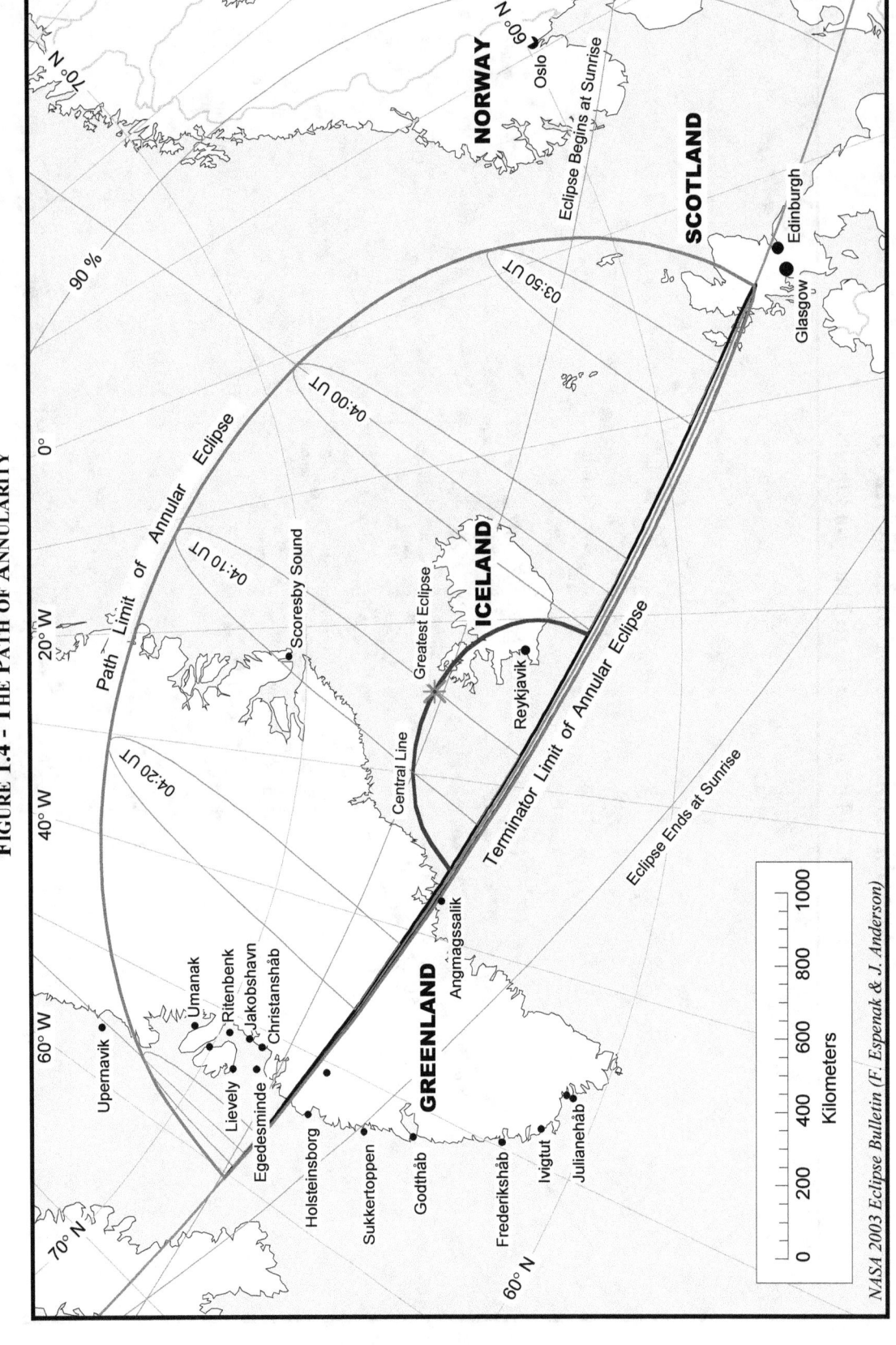

Annular Solar Eclipse of 2003 May 31
Figure 1.5 - The Path Through Scotland and Faeroe Islands

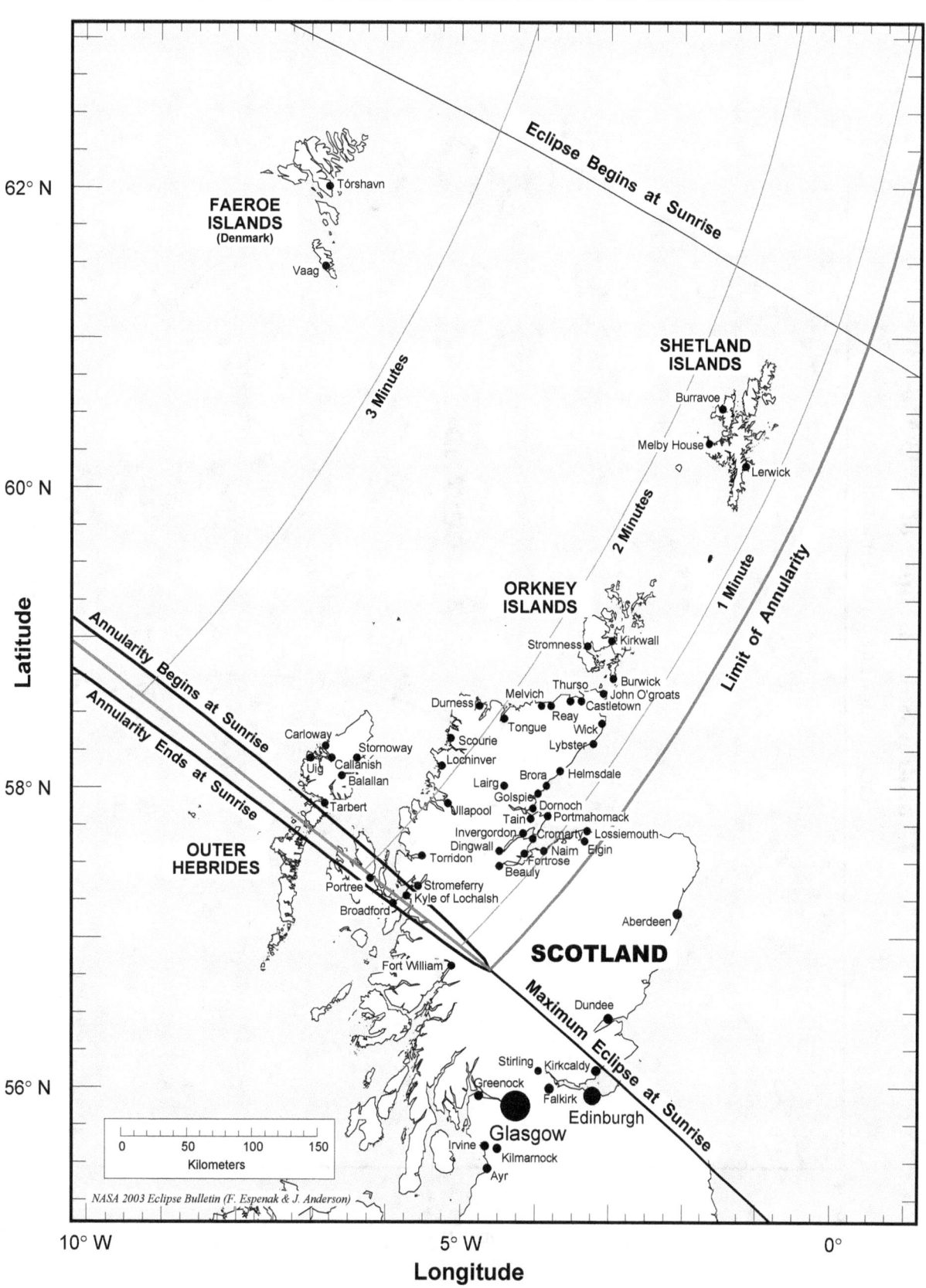

Annular Solar Eclipse of 2003 May 31
Figure 1.6 - The Path Through Iceland

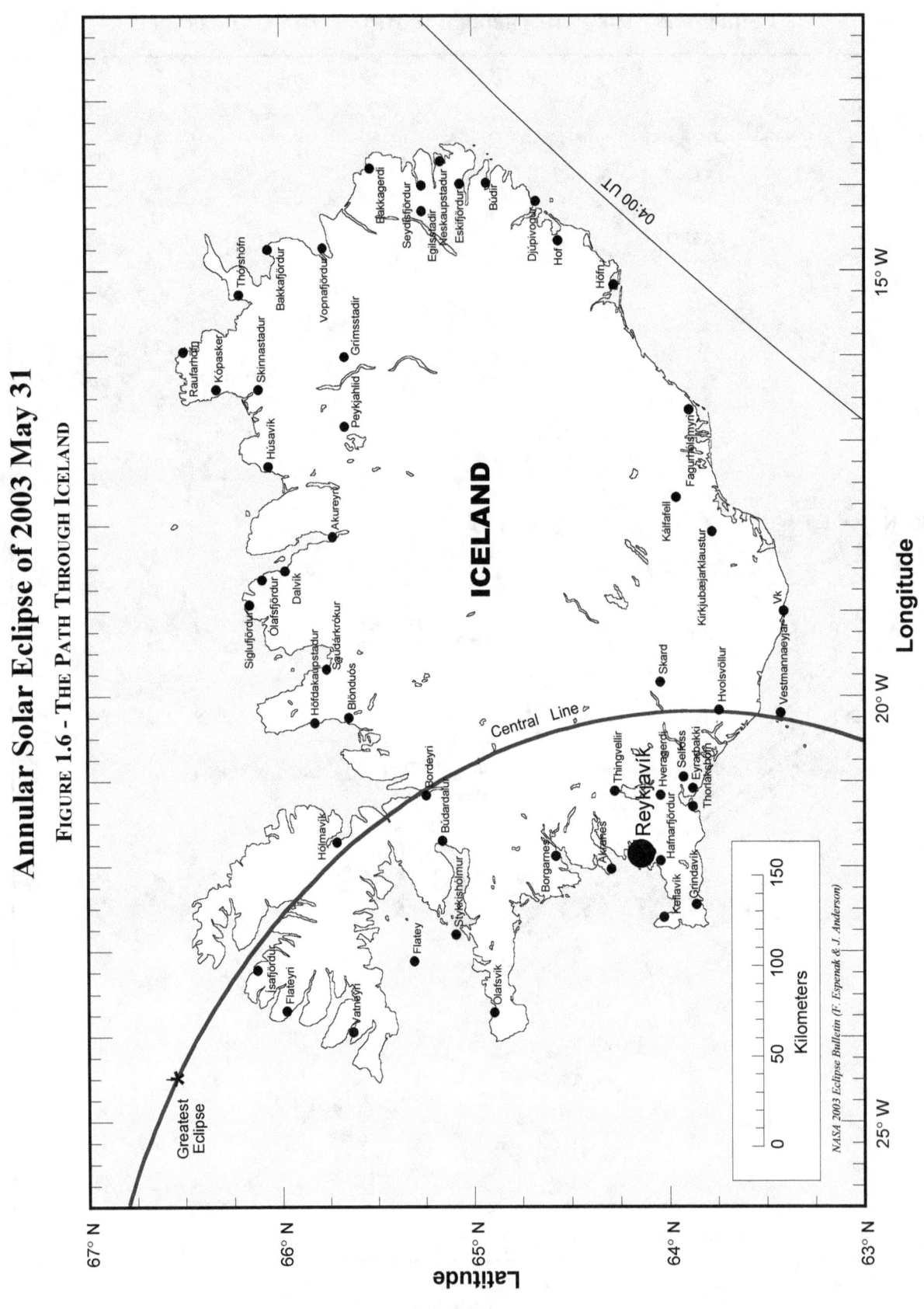

Annular Solar Eclipse of 2003 May 31

FIGURE 1.7 - LUNAR LIMB PROFILE FOR MAY 31 AT 04:05 UT

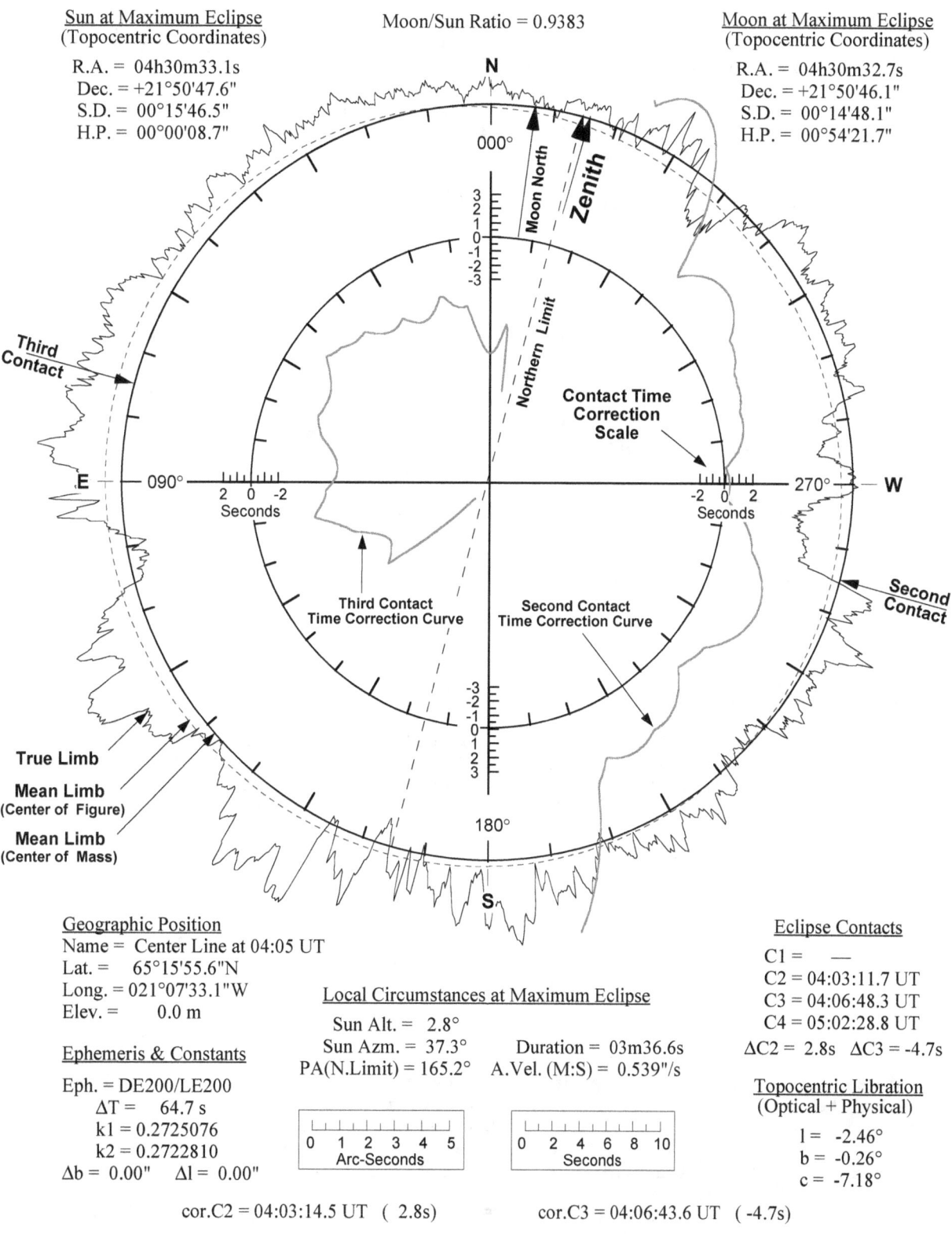

NASA 2003 Eclipse Bulletin (F. Espenak & J. Anderson)

TABLE 1.1

ELEMENTS OF THE ANNULAR SOLAR ECLIPSE OF 2003 MAY 31

<u>Geocentric Conjunction</u>   04:39:20.37 TDT   J.D. = 2452790.693986
<u>of Sun & Moon in R.A.</u>:   (=04:38:15.67 UT)

<u>Instant of</u>   04:09:22.42 TDT   J.D. = 2452790.673176
<u>Greatest Eclipse</u>:   (=04:08:17.72 UT)

<u>Geocentric Coordinates of Sun & Moon at Greatest Eclipse (DE200/LE200)</u>:

<u>Sun</u>:	R.A. = 04h30m33.482s	<u>Moon</u>:	R.A. = 04h29m35.526s
	Dec. =+21°50'57.15"		Dec. =+22°43'13.15 "
Semi-Diameter =	15'46.51"	Semi-Diameter =	14'48.14"
Eq.Hor.Par. =	08.67"	Eq.Hor.Par. =	0°54'19.28"
Δ R.A. =	10.215s/h	Δ R.A. =	126.148s/h
Δ Dec. =	21.78"/h	Δ Dec. =	436.27"/h

<u>Lunar Radius</u> k_1 = 0.2725076 (Penumbra)   <u>Shift in</u> Δb = 0.00"
  <u>Constants</u>: k_2 = 0.2722810 (Umbra)   <u>Lunar Position</u>: Δl = 0.00"

<u>Geocentric Libration</u>: l = -2.6°   Brown Lun. No. = 995
(Optical + Physical) b = -1.2°   Saros Series = 147 (22/80)
      c = -7.2°   Ephemeris = (DE200/LE200)

<u>Eclipse Magnitude</u> = 0.93842   <u>Gamma</u> = 0.99598 ΔT = 64.7 s

Polynomial Besselian Elements for: 2003 May 31   04:00:00.0 TDT   (=t_0)

n	x	y	d	l_1	l_2	μ
0	-0.3238544	0.9452118	21.8459854	0.5644051	0.0181570	240.614990
1	0.4939022	0.1263288	0.0057463	-0.0000530	-0.0000527	14.999788
2	0.0000545	-0.0001691	-0.0000051	-0.0000098	-0.0000098	-0.000001
3	-0.0000056	-0.0000016	0.0000000	0.0000000	0.0000000	0.000000

Tan f_1 = 0.0046126   Tan f_2 = 0.0045896

At time 't_1' (decimal hours), each Besselian element is evaluated by:

$$a = a_0 + a_1 * t + a_2 * t^2 + a_3 * t^3 \quad \text{(or } a = \Sigma\ [a_n * t^n]; \ n = 0 \text{ to } 3)$$

where: a = x, y, d, l_1, l_2, or μ
   t = t_1 - t_0 (decimal hours) and t_0 = 4.000 TDT

The Besselian elements were derived from a least-squares fit to elements calculated at five uniformly spaced times over a six hour period centered at t_0. Thus the elements are valid over the period 1.00 ≤ t_1 ≤ 7.00 TDT.

Note that all times are expressed in Terrestrial Dynamical Time (TDT).

Saros Series 147:   Member 22 of 80 eclipses in series.

TABLE 1.2

SHADOW CONTACTS AND CIRCUMSTANCES
ANNULAR SOLAR ECLIPSE OF 2003 MAY 31

$$\Delta T = 64.7 \text{ s}$$
$$= 000°16'13.2"$$

		Terrestrial Dynamical Time h m s	Latitude	Ephemeris Longitude†	True Longitude*
External/Internal Contacts of Penumbra:	P1	01:47:20.9	23°22.1'N	052°34.7'E	052°50.9'E
	P4	06:31:08.3	48°42.6'N	161°12.9'W	160°56.7'W
Extreme North/South Limits of Penumbral Path:	L1	02:12:58.5	10°51.5'N	051°44.0'E	052°00.2'E
	L2	06:05:33.5	37°05.6'N	164°20.8'W	164°04.6'W
External/Internal Contacts of Umbra:	U1	03:45:50.5	56°51.6'N	004°57.3'W	004°41.1'W
	U4	04:32:33.4	67°56.3'N	060°22.9'W	060°06.7'W
Extreme North/South Limits of Umbral Path:	N1	03:45:59.3	56°47.1'N	004°52.0'W	004°35.7'W
	N2	04:32:24.5	67°57.1'N	060°36.3'W	060°20.0'W
Extreme Limits of Central Line:	C1	04:03:10.5	62°24.9'N	021°31.5'W	021°15.2'W
	C2	04:15:14.7	65°29.0'N	035°57.4'W	035°41.2'W
Instant of Greatest Eclipse:	G0	04:09:22.4	66°33.2'N	024°46.3'W	024°30.0'W
Circumstances at Greatest Eclipse:		Sun's Altitude = 2.9°			
		Sun's Azimuth = 35.1°	Central Duration = 03m36.8s		

---

† Ephemeris Longitude is the terrestrial dynamical longitude assuming a uniformly rotating Earth.
* True Longitude is calculated by correcting the Ephemeris Longitude for the non-uniform rotation of Earth.
  (T.L. = E.L. + 1.002738*ΔT/240, where ΔT(in seconds) = TDT - UT)

Note: Longitude is measured positive to the East.

Since ΔT is not known in advance, the value used in the predictions is an extrapolation based on pre-2003 measurements. Nevertheless, the actual value is expected to fall within ±0.3 seconds of the estimated ΔT used here.

TABLE 1.3

PATH OF THE ANTUMBRAL SHADOW
ANNULAR SOLAR ECLIPSE OF 2003 MAY 31

Universal Time	Terminator Limit Latitude	Terminator Limit Longitude	Antumbral Limit Latitude	Antumbral Limit Longitude	Central Line Latitude	Central Line Longitude	Sun Alt °	Path Width km	Central Durat.
Limits	56° 47.1'N	004° 35.7'W	56° 47.1'N	004° 35.7'W	62° 24.9'N	021° 15.2'W	0	-	-
03:45	56° 49.0'N	004° 40.3'W	57° 19.1'N	003° 40.2'W	-	-	-	-	-
03:46	57° 10.5'N	005° 32.3'W	59° 16.8'N	000° 59.9'W	-	-	-	-	-
03:47	57° 31.8'N	006° 24.9'W	60° 26.5'N	000° 05.6'E	-	-	-	-	-
03:48	57° 52.9'N	007° 18.3'W	61° 24.0'N	000° 46.0'E	-	-	-	-	-
03:49	58° 13.8'N	008° 12.3'W	62° 14.9'N	001° 12.2'E	-	-	-	-	-
03:50	58° 34.5'N	009° 07.1'W	63° 01.4'N	001° 28.4'E	-	-	-	-	-
03:51	58° 54.9'N	010° 02.7'W	63° 44.8'N	001° 36.9'E	-	-	-	-	-
03:52	59° 15.2'N	010° 59.1'W	64° 25.7'N	001° 39.1'E	-	-	-	-	-
03:53	59° 35.1'N	011° 56.2'W	65° 04.7'N	001° 35.7'E	-	-	-	-	-
03:54	59° 54.9'N	012° 54.1'W	65° 42.0'N	001° 27.3'E	-	-	-	-	-
03:55	60° 14.4'N	013° 52.9'W	66° 17.9'N	001° 14.2'E	-	-	-	-	-
03:56	60° 33.6'N	014° 52.5'W	66° 52.5'N	000° 56.5'E	-	-	-	-	-
03:57	60° 52.5'N	015° 53.0'W	67° 25.9'N	000° 34.5'E	-	-	-	-	-
03:58	61° 11.2'N	016° 54.4'W	67° 58.3'N	000° 08.2'E	-	-	-	-	-
03:59	61° 29.7'N	017° 56.6'W	68° 29.7'N	000° 22.4'W	-	-	-	-	-
04:00	61° 47.8'N	018° 59.8'W	69° 00.2'N	000° 57.3'W	-	-	-	-	-
04:01	62° 05.7'N	020° 03.9'W	69° 29.7'N	001° 36.6'W	-	-	-	-	-
04:02	62° 23.2'N	021° 09.0'W	69° 58.3'N	002° 20.4'W	-	-	-	-	-
04:03	62° 40.4'N	022° 15.0'W	70° 26.0'N	003° 08.8'W	63° 54.6'N	020° 11.7'W	2	-	03m36.1s
04:04	62° 57.3'N	023° 22.0'W	70° 52.9'N	004° 02.0'W	64° 40.6'N	020° 29.7'W	2	-	03m36.4s
04:05	63° 13.9'N	024° 30.0'W	71° 18.7'N	005° 00.1'W	65° 15.9'N	021° 07.6'W	3	-	03m36.6s
04:06	63° 30.2'N	025° 39.0'W	71° 43.7'N	006° 03.3'W	65° 44.8'N	021° 58.0'W	3	-	03m36.7s
04:07	63° 46.1'N	026° 49.0'W	72° 07.6'N	007° 11.8'W	66° 08.7'N	022° 58.5'W	3	-	03m36.8s
04:08	64° 01.6'N	028° 00.0'W	72° 30.5'N	008° 25.8'W	66° 28.3'N	024° 07.9'W	3	-	03m36.8s
04:09	64° 16.8'N	029° 12.1'W	72° 52.2'N	009° 45.4'W	66° 43.4'N	025° 25.7'W	3	-	03m36.7s
04:10	64° 31.6'N	030° 25.2'W	73° 12.8'N	011° 10.9'W	66° 54.0'N	026° 51.8'W	3	-	03m36.7s
04:11	64° 46.0'N	031° 39.4'W	73° 32.1'N	012° 42.4'W	66° 59.2'N	028° 26.6'W	3	-	03m36.6s
04:12	65° 00.0'N	032° 54.6'W	73° 50.1'N	014° 20.0'W	66° 57.6'N	030° 11.5'W	2	-	03m36.4s
04:13	65° 13.6'N	034° 10.9'W	74° 06.6'N	016° 03.9'W	66° 45.2'N	032° 10.1'W	2	-	03m36.1s
04:14	65° 26.8'N	035° 28.2'W	74° 21.5'N	017° 54.1'W	66° 03.5'N	034° 43.3'W	1	-	03m35.5s
04:15	65° 39.6'N	036° 46.6'W	74° 34.7'N	019° 50.5'W	-	-	-	-	-
04:16	65° 51.9'N	038° 06.0'W	74° 46.0'N	021° 53.2'W	-	-	-	-	-
04:17	66° 03.7'N	039° 26.5'W	74° 55.3'N	024° 01.9'W	-	-	-	-	-
04:18	66° 15.1'N	040° 48.0'W	75° 02.3'N	026° 16.3'W	-	-	-	-	-
04:19	66° 26.0'N	042° 10.4'W	75° 06.9'N	028° 36.0'W	-	-	-	-	-
04:20	66° 36.5'N	043° 33.9'W	75° 08.9'N	031° 00.6'W	-	-	-	-	-
04:21	66° 46.4'N	044° 58.4'W	75° 08.0'N	033° 29.4'W	-	-	-	-	-
04:22	66° 55.8'N	046° 23.8'W	75° 03.9'N	036° 01.6'W	-	-	-	-	-
04:23	67° 04.7'N	047° 50.1'W	74° 56.2'N	038° 36.4'W	-	-	-	-	-
04:24	67° 13.0'N	049° 17.3'W	74° 44.7'N	041° 12.9'W	-	-	-	-	-
04:25	67° 20.8'N	050° 45.4'W	74° 28.8'N	043° 50.1'W	-	-	-	-	-
04:26	67° 28.1'N	052° 14.3'W	74° 07.7'N	046° 27.0'W	-	-	-	-	-
04:27	67° 34.8'N	053° 44.0'W	73° 40.6'N	049° 02.8'W	-	-	-	-	-
04:28	67° 40.9'N	055° 14.4'W	73° 05.8'N	051° 36.7'W	-	-	-	-	-
04:29	67° 46.5'N	056° 45.4'W	72° 20.6'N	054° 08.1'W	-	-	-	-	-
04:30	67° 51.4'N	058° 17.1'W	71° 18.4'N	056° 37.7'W	-	-	-	-	-
04:31	67° 55.8'N	059° 49.4'W	69° 34.4'N	059° 11.3'W	-	-	-	-	-
Limits	67° 57.1'N	060° 20.0'W	67° 57.1'N	060° 20.0'W	65° 29.0'N	035° 41.2'W	0	-	-

TABLE 1.4

PHYSICAL EPHEMERIS OF THE ANTUMBRAL SHADOW
ANNULAR SOLAR ECLIPSE OF 2003 MAY 31

Universal Time	Central Line Latitude	Central Line Longitude	Diameter Ratio	Eclipse Obscur.	Sun Alt °	Sun Azm °	Path Width km	Major Axis km	Minor Axis km	Umbra Veloc. km/s	Central Durat.
04:03	63°54.6'N	020°11.7'W	0.9380	0.8799	1.5	37.7	-	-	-	1.851	03m36.1s
04:04	64°40.6'N	020°29.7'W	0.9382	0.8802	2.1	37.6	-	-	-	1.338	03m36.4s
04:05	65°15.9'N	021°07.6'W	0.9383	0.8804	2.5	37.3	-	-	-	1.166	03m36.6s
04:06	65°44.8'N	021°58.0'W	0.9384	0.8805	2.7	36.8	-	-	-	1.090	03m36.7s
04:07	66°08.7'N	022°58.5'W	0.9384	0.8806	2.9	36.1	-	-	-	1.059	03m36.8s
04:08	66°28.3'N	024°07.9'W	0.9384	0.8806	2.9	35.3	-	-	-	1.057	03m36.8s
04:09	66°43.4'N	025°25.7'W	0.9384	0.8806	2.9	34.4	-	-	-	1.077	03m36.7s
04:10	66°54.0'N	026°51.8'W	0.9384	0.8806	2.8	33.3	-	-	-	1.123	03m36.7s
04:11	66°59.2'N	028°26.6'W	0.9383	0.8805	2.6	32.1	-	-	-	1.206	03m36.6s
04:12	66°57.6'N	030°11.5'W	0.9383	0.8803	2.2	30.8	-	-	-	1.364	03m36.4s
04:13	66°45.2'N	032°10.1'W	0.9381	0.8801	1.7	29.2	-	-	-	1.740	03m36.1s
04:14	66°03.5'N	034°43.3'W	0.9379	0.8796	0.7	27.1	-	-	-	4.724	03m35.5s

TABLE 1.5

LOCAL CIRCUMSTANCES ON THE CENTRAL LINE
ANNULAR SOLAR ECLIPSE OF 2003 MAY 31

Central Line Maximum Eclipse			First Contact				Second Contact			Third Contact			Fourth Contact			
U.T.	Durat.	Alt °	U.T.	P °	V °	Alt °	U.T.	P °	V °	U.T.	P °	V °	U.T.	P °	V °	Alt °
04:03	03m36.1s	2	-	-	-	-	04:01:12	255	272	04:04:48	75	92	05:00:09	75	96	6
04:04	03m36.4s	2	-	-	-	-	04:02:12	255	271	04:05:48	75	92	05:01:21	75	95	7
04:05	03m36.6s	3	-	-	-	-	04:03:12	255	271	04:06:48	75	91	05:02:29	75	95	7
04:06	03m36.7s	3	03:09:47	256	266	0	04:04:12	255	271	04:07:48	75	91	05:03:33	75	94	7
04:07	03m36.8s	3	03:10:43	256	266	1	04:05:12	255	270	04:08:48	75	90	05:04:35	75	94	7
04:08	03m36.8s	3	03:11:40	256	265	1	04:06:12	255	270	04:09:48	75	90	05:05:35	75	94	7
04:09	03m36.7s	3	03:12:40	256	265	1	04:07:12	255	269	04:10:48	75	90	05:06:32	75	93	7
04:10	03m36.7s	3	03:13:41	256	265	1	04:08:12	256	269	04:11:48	76	89	05:07:28	75	93	7
04:11	03m36.6s	3	03:14:44	256	264	1	04:09:12	256	269	04:12:48	76	89	05:08:22	75	93	6
04:12	03m36.4s	3	03:15:50	256	264	1	04:10:12	256	268	04:13:48	76	88	05:09:13	75	92	6
04:13	03m36.1s	2	-	-	-	-	04:11:12	256	268	04:14:48	76	88	05:09:59	75	92	5
04:14	03m35.5s	1	-	-	-	-	04:12:12	256	267	04:15:48	76	88	05:10:33	76	92	4

TABLE 1.6
LOCAL CIRCUMSTANCES FOR SCOTLAND & OUTLYING ISLANDS
ANNULAR SOLAR ECLIPSE OF 2003 MAY 31

Location Name	Latitude	Longitude	Elev.	First Contact U.T. / P / V / Alt	Second Contact U.T. / P / V	Third Contact U.T. / P / V	Fourth Contact U.T. / P / V / Alt	Maximum Eclipse U.T. / P / V / Alt / Azm	Eclip. Mag.	Eclip. Obs.	Umbral Depth	Umbral Durat.
SCOTLAND (GREAT BRITAIN)												
Aberdeen	57°10'N	002°04'W	—	—	03:45:03.6 322 348	03:46:22.3 5 31	04:41:21.5 71 102 8	03:43:49.0 344 10 2 49	0.934	0.878	0.069	01m19s
Ayr	55°28'N	004°38'W	—	—	03:45:25.6 315 340	—	04:39:58.1 71 102 5	03:47 Rise — — 0 48	0.898	0.844	0.126	01m45s
Beauly	57°29'N	004°29'W	—	—	03:45:17.4 320 346	03:47:10.4 13 38	04:42:58.6 71 101 6	03:45:43.1 344 9 1 46	0.940	0.879	0.082	01m26s
Broadford	57°14'N	005°54'W	—	—	03:44:57.0 330 355	03:46:43.3 7 32	04:43:16.8 72 101 6	03:46:18.1 344 9 1 48	0.940	0.880	0.029	00m52s
Brora	58°01'N	003°51'W	—	—	03:45:39.4 317 342	03:46:49.0 0 358	04:43:30.7 71 101 8	03:46:00.4 344 9 1 48	0.939	0.880	0.104	01m36s
Burghead	57°42'N	003°30'W	—	—	03:45:39.4 317 342	03:47:15.5 10 35	04:42:51.3 71 101 7	03:45:23.1 344 9 1 48	0.941	0.880	0.060	01m14s
Castletown	58°35'N	003°23'W	—	—	03:45:08.5 321 346	03:46:32.7 7 32	04:44:11.7 71 101 8	03:46:27.5 344 9 1 48	0.940	0.880	0.079	01m24s
Cromarty	57°40'N	004°02'W	—	—	03:45:13.3 321 346	03:46:37.7 7 32	04:43:03.0 71 101 7	03:45:50.7 344 9 1 48	0.940	0.879	0.079	01m24s
Dingwall	57°35'N	004°29'W	—	—			04:43:07.9 71 101 7	03:45:55.6 344 9 1 48				
Dornoch	57°52'N	004°02'W	—	—			04:43:21.7 71 101 7					
Dundee	56°28'N	003°00'W	—	—	—	—	04:40:41.6 71 102 7	03:43:29.7 344 10 2 48	0.933	0.877		
Dunfermline	56°04'N	003°29'W	—	—	—	—	04:40:18.5 71 102 6	03:43:17.7 344 10 2 48	0.933	0.877		
Durness	58°33'N	004°45'W	—	—	03:46:11.5 308 333	03:48:17.0 19 44	04:44:45.6 71 101 8	03:46:14.3 344 9 0 48	0.944	0.880	0.185	02m05s
Edinburgh	55°57'N	003°13'W	134	—	—	—	04:39:59.9 71 102 6	03:42:58.6 344 10 2 48	0.932	0.876		
Elgin	57°39'N	003°20'W	—	—	03:44:55.1 334 360	03:45:30.9 353 19	04:40:21.7 71 102 7	03:45:13.1 344 9 1 48	0.938	0.880	0.014	00m36s
Falkirk	56°00'N	003°48'W	—	—	—	—	04:40:21.7 71 102 7	03:43:24.9 344 10 2 48	0.933	0.877		
Fort William	56°49'N	005°07'W	—	—	03:44:48.5 329 354	03:45:45.2 359 25	04:42:15.5 71 102 6	03:45:17.0 344 9 1 47	0.939	0.879	0.035	00m57s
Fortrose	57°34'N	004°09'W	—	—	03:45:00.9 324 350	03:46:12.8 3 29	04:42:56.9 71 102 7	03:45:36.9 344 9 1 47	0.940	0.877	0.057	01m12s
Glasgow	55°53'N	004°15'W	—	—	—	—	04:40:24.4 71 101 6	03:43:33.7 344 9 1 48	0.933	0.880		
Golspie	57°58'N	003°58'W	—	—	03:45:17.2 320 345	03:46:44.3 7 33	04:40:29.3 71 101 7	03:46:00.8 344 9 2 48	0.941	0.880	0.085	01m27s
Greenock	55°57'N	004°45'W	—	—	03:45:37.0 317 342	03:47:13.2 10 35	04:40:45.5 71 102 6	03:43:58.3 344 9 2 47	0.935	0.878	0.104	01m36s
Halkirk	58°30'N	003°30'W	—	—	03:45:18.9 321 346	03:46:43.8 7 32	04:44:06.3 71 101 7	03:46:25.2 344 9 1 48	0.941	0.880	0.080	01m25s
Helmsdale	58°07'N	003°40'W	—	—	03:45:20.4 322 347	03:46:27.7 5 30	04:43:35.1 71 101 7	03:46:01.4 344 9 1 48	0.940	0.880	0.071	01m20s
Invergordon	57°42'N	004°10'W	—	—	03:44:57.6 322 347	03:46:05.8 3 28	04:42:48.9 71 101 6	03:46:20.7 344 9 1 48	0.940	0.879	0.051	01m08s
Inverness	57°27'N	004°15'W	—	—	03:45:36.0 319 344	03:47:05.3 8 33	04:44:08.5 71 102 7	03:46:20.7 344 9 2 49	0.941	0.880	0.089	01m29s
John o'Groats	58°38'N	003°05'W	—	—			04:40:13.9 71 102 7	03:43:09.3 344 10 1 48				
Kirkcaldy	56°07'N	003°10'W	—	—	03:45:23.3 315 341	03:47:06.1 12 38	04:43:15.9 71 101 6	03:46:14.8 344 9 1 47	0.942	0.880	0.121	01m43s
Kyle of Lochalsh	57°17'N	005°43'W	—	—	03:45:30.4 316 341	03:47:11.9 12 37	04:43:11.6 71 101 6	03:46:21.2 344 9 1 47	0.942	0.880	0.117	01m42s
Lairg	58°01'N	004°25'W	—	—	03:46:00.5 309 334	03:48:03.9 19 43	04:43:17.6 71 101 6	03:47:11.9 344 9 1 47	0.941	0.879	0.119	01m42s
Lochinver	58°09'N	005°15'W	—	—			04:44:22.3 71 101 7	03:47:02.3 344 9 1 47	0.943	0.880	0.179	02m03s
Lossiemouth	57°43'N	003°18'W	—	—	03:44:56.4 333 358	03:45:37.5 355 20	04:42:47.3 71 101 8	03:45:17.0 344 9 2 48	0.938	0.880	0.018	00m41s
Lybster	58°18'N	003°13'W	—	—	03:45:20.0 322 348	03:46:38.6 6 30	04:44:28.6 71 101 8	03:45:59.4 344 9 1 48	0.940	0.880	0.068	01m19s
Melvich	58°33'N	003°55'W	—	—	03:45:49.8 314 339	03:47:38.2 14 39	04:44:22.9 71 101 8	03:46:44.1 344 9 1 48	0.942	0.880	0.134	01m48s
Nairn	57°35'N	003°51'W	—	—	03:44:57.2 327 353	03:45:59.2 2 26	04:42:21.5 71 101 8	03:46:27.1 344 9 1 46	0.939	0.880	0.042	01m02s
Portmahomack	57°49'N	003°50'W	—	—	03:44:06.8 323 349	03:46:21.8 4 29	04:42:51.0 71 101 7	03:45:44.4 344 9 1 48	0.940	0.880	0.062	01m15s
Portree	57°24'N	006°12'W	—	—	03:45:43.4 311 336	03:47:40.5 17 42	04:43:40.8 72 101 7	03:46:42.0 344 9 1 47	0.943	0.879	0.160	01m57s
Reay	58°33'N	003°47'W	—	—	03:44:46.6 315 340	03:47:31.9 13 38	04:44:19.3 71 101 8	03:46:39.3 344 9 2 48	0.942	0.880	0.126	01m45s
Scourie	58°20'N	005°08'W	—	—	03:46:08.5 308 333	03:48:15.0 20 44	04:44:36.0 71 101 8	03:47:11.9 344 9 1 47	0.944	0.880	0.189	02m07s
Stromeferry	57°21'N	005°34'W	—	—	03:45:22.9 316 341	03:47:05.0 12 37	04:43:17.6 72 101 7	03:47:05.0 344 9 1 47	0.941	0.879	0.119	01m42s
Tain	57°48'N	004°04'W	—	—	03:45:10.6 321 347	03:46:32.7 6 31	04:43:16.4 71 101 7	03:45:51.7 344 9 1 48	0.940	0.880	0.075	01m22s
Thurso	58°35'N	003°32'W	—	—	03:45:42.7 316 341	03:47:22.9 11 36	04:44:15.7 71 101 8	03:46:32.9 344 9 2 48	0.942	0.880	0.113	01m40s
Tongue	58°28'N	004°25'W	—	—	03:45:57.3 314 339	03:47:54.1 16 41	04:44:28.6 72 101 8	03:46:55.8 344 9 2 47	0.943	0.880	0.158	01m57s
Torridon	57°33'N	005°31'W	—	—	03:45:32.5 314 339	03:47:21.5 16 39	04:44:33.1 72 101 8	03:46:27.1 344 9 1 47	0.942	0.879	0.136	01m49s
Uig	57°35'N	006°20'W	—	—	03:46:56.6 300 324	03:49:26.7 28 52	04:44:53.4 72 101 6	03:48:11.7 344 8 1 46	0.946	0.879	0.281	02m30s
Ullapool	57°54'N	005°10'W	—	—	03:45:43.1 312 337	03:48:07.3 25 50	04:43:56.7 72 101 7	03:47:40.2 344 8 1 47	0.942	0.879	0.151	01m54s
Wick	58°26'N	003°06'W	—	—	03:45:25.0 322 347	03:46:46.0 6 31	04:43:49.9 71 101 8	03:46:05.6 344 9 1 49	0.940	0.880	0.072	01m21s
ISLE OF LEWIS												
Balallan	58°04'N	006°35'W	—	—	03:46:36.0 303 327	03:48:58.4 25 50	04:44:54.4 72 101 6	03:47:47.3 344 8 1 46	0.945	0.879	0.248	02m22s
Callanish	58°12'N	006°43'W	—	—	03:46:47.6 301 325	03:49:14.2 27 51	04:45:05.0 72 101 6	03:48:01.0 344 8 1 46	0.946	0.879	0.266	02m27s
Carloway	58°17'N	006°48'W	—	—	03:46:55.5 300 324	03:49:25.0 28 52	04:45:19.0 72 101 6	03:48:10.3 344 8 1 46	0.946	0.879	0.278	02m29s
Stornoway	58°12'N	006°23'W	—	—	03:46:37.2 303 327	03:48:59.5 25 50	04:44:59.3 72 101 6	03:47:48.4 344 8 1 46	0.945	0.879	0.247	02m22s
Tarbert	57°54'N	006°49'W	—	—	03:46:31.9 303 327	03:48:53.1 25 49	04:44:44.5 72 101 6	03:47:42.6 344 8 1 46	0.945	0.879	0.243	02m21s
ORKNEY ISLANDS												
Burwick	58°44'N	002°57'W	—	—	03:45:39.2 319 344	03:47:08.4 8 33	04:44:14.6 71 101 8	03:46:23.8 344 9 3 49	0.941	0.879	0.088	01m29s
Kirkwall	58°59'N	002°58'W	—	—	03:45:54.6 317 341	03:47:33.6 11 36	04:44:39.0 71 101 9	03:46:44.2 344 9 3 49	0.942	0.880	0.110	01m39s
Stromness	58°57'N	003°18'W	—	—	03:46:00.0 314 339	03:47:46.5 13 38	04:44:44.4 71 101 8	03:46:53.3 344 9 2 49	0.942	0.880	0.129	01m46s
SHETLAND ISLANDS												
Burravoe	60°32'N	001°28'W	—	—	03:47:07.3 316 340	03:48:49.0 11 36	04:46:33.1 71 100 10	03:47:58.2 344 8 4 51	0.942	0.881	0.116	01m42s
Lerwick	60°09'N	001°09'W	—	—	03:46:35.9 322 346	03:47:56.5 5 30	04:45:47.6 71 100 9	03:47:16.3 344 8 4 51	0.941	0.881	0.071	01m21s
Melby House	60°18'N	001°39'W	—	—	03:46:54.5 316 340	03:48:35.7 11 36	04:46:14.3 71 100 10	03:47:45.1 344 8 4 50	0.942	0.881	0.114	01m41s

TABLE 1.7
LOCAL CIRCUMSTANCES FOR ICELAND
ANNULAR SOLAR ECLIPSE OF 2003 MAY 31

Location Name	Latitude	Longitude	Elev. (m)	First Contact U.T. h m s	P °	V °	Alt °	Second Contact U.T. h m s	P °	V °	Third Contact U.T. h m s	P °	V °	Fourth Contact U.T. h m s	P °	V °	Alt °	Maximum Eclipse U.T. h m s	P °	V °	Alt °	Azm °	Eclip. Mag.	Eclip. Obs.	Umbral Depth	Umbral Durat.
ICELAND																										
Akranes	64°18'N	022°02'W	—	—				04:02:43.6	254	270	04:06:19.5	77	93	05:01:36.2	75	95	6	04:04:31.6	165	181	2	36	0.968	0.880	0.972	03m36s
Akureyri	65°44'N	018°08'W	—	03:07:19.5	256	267	1	04:01:59.7	259	276	04:05:36.4	71	87	05:01:44.8	74	95	8	04:03:48.1	345	1	4	40	0.967	0.881	0.927	03m37s
Bakkafjörður	66°04'N	014°45'W	—	03:05:29.7	256	268	2	04:00:33.4	265	282	04:04:07.7	64	82	05:00:46.2	74	95	9	04:02:20.6	345	2	5	42	0.964	0.881	0.822	03m34s
Bakkagerði	65°32'N	013°48'W	—	03:04:26.5	256	269	1	03:59:24.3	266	283	04:02:58.0	64	82	04:59:33.5	74	96	9	04:01:11.2	345	2	5	43	0.964	0.881	0.808	03m34s
Blönduós	65°39'N	020°05'W	—	03:08:36.6	256	267	1	04:03:06.0	257	272	04:06:42.8	74	90	05:02:36.6	74	95	7	04:04:54.4	345	1	3	38	0.968	0.881	0.974	03m37s
Borðeyri	65°15'N	021°10'W	—	03:08:54.6	256	267	0	04:03:12.1	255	271	04:06:48.6	75	91	05:02:28.6	75	95	7	04:05:00.4	165	181	2	37	0.969	0.880	0.999	03m37s
Borgarnes	64°35'N	021°53'W	—	—				04:02:55.7	254	270	04:06:31.8	77	93	05:01:54.7	75	95	7	04:04:43.8	165	181	2	36	0.968	0.880	0.977	03m36s
Búðardalur	65°10'N	021°42'W	—	03:09:11.9	256	266	1	04:03:25.6	255	270	04:07:02.1	76	92	05:02:37.2	75	95	7	04:05:13.9	165	181	3	37	0.969	0.880	0.989	03m36s
Búðir	64°56'N	013°58'W	—	03:04:01.1	256	269	1	03:58:45.9	265	283	04:02:20.1	65	83	05:02:43.0	74	96	8	04:00:33.0	345	3	4	43	0.964	0.881	0.828	03m34s
Dalvík	65°59'N	018°32'W	—	03:07:46.5	256	267	1	04:02:30.1	259	275	04:06:06.0	71	87	05:02:17.3	74	95	8	04:04:18.4	345	1	4	40	0.967	0.881	0.927	03m37s
Djúpivogur	64°40'N	014°10'W	—	03:03:54.8	256	269	1	03:58:33.2	264	282	04:02:07.7	65	84	04:58:24.1	74	96	8	04:00:20.5	345	3	4	42	0.964	0.881	0.839	03m34s
Egilsstaðir	65°16'N	014°18'W	—	03:04:31.2	256	269	1	03:59:20.9	264	281	04:02:55.3	65	83	04:59:21.9	74	95	9	04:01:08.1	345	3	4	43	0.964	0.881	0.832	03m34s
Eskifjörður	65°04'N	013°59'W	—	03:04:08.8	256	269	1	03:58:56.1	265	283	04:02:30.3	65	83	04:58:55.6	74	96	9	04:02:20.6	345	3	4	43	0.964	0.881	0.826	03m34s
Eyrarbakki	63°53'N	021°05'W	—	—				04:01:42.7	254	271	04:05:18.7	76	93	05:00:33.3	75	95	6	04:03:30.7	165	182	3	37	0.969	0.880	0.985	03m36s
Fagurhólsmýri	63°54'N	016°38'W	—	—				03:59:03.5	259	277	04:02:39.4	70	88	04:58:58.1	74	96	6	04:00:51.5	345	3	3	40	0.967	0.881	0.919	03m36s
Flatey	65°19'N	023°07'W	—	03:10:14.1	256	266	0	04:04:25.4	254	269	04:08:01.6	77	92	05:03:31.1	75	94	7	04:06:13.5	165	181	3	36	0.968	0.880	0.973	03m36s
Flateyri	65°59'N	023°42'W	—	03:11:04.0	256	266	0	04:05:26.8	255	269	04:09:03.3	76	91	05:04:42.5	75	94	9	04:07:15.1	165	180	3	36	0.969	0.881	0.986	03m37s
Grímsstaðir	65°40'N	016°01'W	—	03:05:56.3	256	268	1	04:00:45.2	262	279	04:04:20.9	68	85	05:00:42.5	74	95	9	04:02:33.1	345	2	4	41	0.965	0.881	0.874	03m37s
Grindavík	63°52'N	022°27'W	—	—				04:02:32.4	254	270	04:06:08.0	77	93	05:01:14.0	75	96	5	04:04:20.2	165	182	1	36	0.968	0.880	0.965	03m36s
Hafnarfjörður	64°03'N	021°56'W	—	—				04:02:48.1	254	269	04:06:00.3	77	93	05:01:12.8	75	96	6	04:04:12.4	165	182	2	36	0.968	0.880	0.972	03m36s
Hof	63°47'N	014°39'W	—	03:04:08.3	256	269	0	03:58:42.1	263	281	04:02:17.0	66	85	04:58:27.4	74	96	8	04:00:29.6	345	3	4	42	0.965	0.881	0.856	03m35s
Höfðakaupstaður	65°50'N	020°19'W	—	03:08:47.4	256	267	1	04:03:00.2	257	273	04:06:57.1	73	89	05:02:53.4	74	95	7	04:05:08.7	345	1	3	38	0.968	0.881	0.969	03m37s
Höfn	64°17'N	015°17'W	—	03:04:14.0	256	269	0	03:58:39.4	263	280	04:02:14.1	68	86	04:58:16.5	74	96	8	04:00:27.1	345	3	3	43	0.965	0.881	0.875	03m35s
Hólmavík	65°43'N	021°43'W	—	03:09:36.2	256	266	1	04:04:00.9	255	271	04:07:37.7	75	91	05:03:23.2	74	95	8	04:05:49.3	345	1	3	37	0.969	0.881	0.997	03m37s
Húsavík	66°04'N	017°18'W	—	03:07:04.2	256	267	1	04:01:55.1	261	277	04:05:31.4	69	86	05:01:51.8	74	95	8	04:03:43.3	345	1	4	40	0.966	0.881	0.895	03m36s
Hveragerði	64°03'N	021°10'W	—	—				04:01:56.2	254	271	04:05:32.2	76	93	05:00:49.4	75	95	6	04:03:44.3	165	182	3	37	0.968	0.880	0.984	03m36s
Hvolsvöllur	63°45'N	020°10'W	—	—				04:01:00.6	255	272	04:04:36.6	75	92	04:59:54.5	76	96	6	04:02:48.6	345	2	3	38	0.969	0.880	0.999	03m36s
Ísafjörður	66°08'N	023°13'W	—	03:10:51.5	256	266	1	04:05:19.1	255	270	04:08:55.8	75	91	05:04:40.7	74	94	7	04:07:05.1	345	1	4	36	0.969	0.881	0.997	03m37s
Kálfafell	63°58'N	017°40'W	—	—				03:59:44.5	258	276	04:03:20.7	72	90	04:58:58.9	74	96	7	04:01:32.6	345	3	2	40	0.967	0.880	0.945	03m36s
Keflavík	64°02'N	022°36'W	—	—				04:02:48.1	253	269	04:06:23.8	77	94	05:01:32.0	75	96	5	04:04:36.0	165	181	1	36	0.968	0.880	0.963	03m36s
Kirkjubæjarklau...	63°47'N	018°04'W	—	—				03:59:46.6	258	275	04:03:22.7	72	90	04:58:54.9	74	96	7	04:01:34.6	345	3	2	39	0.968	0.880	0.955	03m36s
Kópasker	66°20'N	016°24'W	—	03:06:44.0	256	268	2	04:01:44.8	263	279	04:05:20.4	67	84	05:01:21.5	74	95	9	04:03:32.6	345	1	5	41	0.965	0.881	0.860	03m36s
Kópavogur	64°06'N	021°50'W	—	—				04:02:23.8	254	270	04:05:59.7	77	93	05:01:13.8	75	96	6	04:04:11.8	165	182	2	36	0.968	0.880	0.974	03m36s
Neskaupstaður	65°10'N	013°43'W	—	03:04:03.9	256	269	1	03:58:54.8	265	282	04:02:28.6	64	82	04:58:57.8	74	96	8	04:04:11.8	165	182	4	43	0.964	0.881	0.815	03m34s
Ólafsfjörður	66°06'N	018°38'W	—	03:07:55.8	256	267	1	04:02:41.3	259	275	04:06:18.0	71	87	05:02:30.2	74	95	8	04:04:29.7	345	1	4	39	0.967	0.881	0.925	03m37s
Ólafsvík	64°54'N	023°43'W	—	—				04:02:17.1	253	268	04:05:57.6	78	93	05:00:03.3	75	95	8	04:06:09.7	165	181	2	35	0.968	0.880	0.958	03m37s
Peykjahlíð	65°40'N	016°57'W	—	03:06:27.1	256	268	1	04:01:12.0	261	278	04:04:48.2	69	86	05:03:15.8	74	95	8	04:03:00.1	345	2	4	41	0.966	0.881	0.896	03m36s
Raufarhöfn	66°30'N	015°57'W	—	03:06:35.9	256	268	2	04:01:42.5	264	281	04:05:17.5	66	82	05:01:55.7	74	95	9	04:03:38.7	165	1	5	42	0.965	0.881	0.840	03m35s
Reykjavík	64°09'N	021°51'W	—	—				04:02:27.6	254	270	04:06:03.5	77	93	05:00:39.9	75	96	6	04:04:15.5	165	182	2	36	0.968	0.880	0.973	03m36s
Sauðárkrókur	65°46'N	019°41'W	—	03:08:20.1	256	267	1	04:02:54.2	257	273	04:06:31.1	73	89	05:01:18.4	75	95	8	04:04:42.7	345	1	3	39	0.968	0.881	0.959	03m37s
Selfoss	63°56'N	020°57'W	—	—				04:01:40.9	254	271	04:05:16.9	75	93	05:00:33.3	75	96	6	04:03:29.0	165	182	2	37	0.969	0.880	0.987	03m36s
Seyðisfjörður	65°16'N	014°00'W	—	03:04:19.9	256	269	1	03:59:11.2	265	283	04:02:45.3	64	82	04:59:14.2	74	95	8	04:00:59.3	345	3	4	43	0.964	0.881	0.822	03m34s
Siglufjörður	66°10'N	018°56'W	—	03:08:10.2	256	267	1	04:02:55.8	259	275	04:06:32.5	71	87	05:02:44.0	74	95	8	04:04:44.1	345	1	4	39	0.967	0.881	0.929	03m37s
Skarð	66°03'N	019°50'W	—	—				04:01:07.6	258	275	04:04:43.8	75	92	05:00:09.4	74	96	8	04:02:55.8	345	2	3	38	0.967	0.880	0.993	03m36s
Skinnastaður	66°07'N	016°24'W	—	03:06:33.2	256	268	1	04:01:29.5	262	279	04:05:05.2	67	84	05:01:32.8	74	95	8	04:03:17.4	345	1	4	41	0.965	0.881	0.869	03m36s
Stykkishólmur	65°07'N	022°48'W	—	—				04:04:00.7	253	269	04:07:36.9	77	92	05:01:32.8	75	95	9	04:05:48.9	165	181	2	36	0.965	0.880	0.972	03m36s
Þingvellir	64°17'N	021°07'W	—	—				04:02:09.1	254	271	04:05:45.2	76	93	05:01:07.1	75	95	6	04:03:57.2	165	182	2	36	0.969	0.880	0.986	03m36s
Þorlákshöfn	63°53'N	021°18'W	—	—				04:01:50.7	254	271	04:05:26.6	76	93	05:00:39.9	75	95	5	04:03:38.7	165	182	2	36	0.968	0.881	0.981	03m36s
Þórshöfn	66°13'N	015°17'W	—	03:05:57.0	256	268	2	04:01:01.0	264	281	04:04:35.8	65	82	05:01:13.3	74	95	9	04:02:58.4	345	2	4	42	0.964	0.881	0.833	03m35s
Vatneyri	65°38'N	023°57'W	—	03:10:59.7	256	266	0	04:05:14.3	254	269	04:08:50.7	77	92	05:04:21.6	75	94	6	04:07:02.5	165	180	3	35	0.968	0.880	0.972	03m36s
Vestmannaeyjar	63°26'N	020°12'W	—	—				04:00:41.7	255	272	04:04:17.6	75	92	04:59:29.3	74	96	6	04:02:29.6	345	2	2	38	0.969	0.880	0.998	03m36s
Vík	63°25'N	019°00'W	—	—				04:00:56.4	256	274	04:03:32.3	74	91	04:58:51.5	74	95	6	04:01:44.4	345	3	2	38	0.968	0.880	0.974	03m36s
Vopnafjörður	65°47'N	014°44'W	—	03:05:14.3	256	268	1	04:00:12.2	264	282	04:03:46.8	65	83	05:00:20.0	74	95	9	04:01:59.5	345	2	5	42	0.964	0.881	0.831	03m35s

Annular and Total Solar Eclipses of 2003

TABLE 1.8
LOCAL CIRCUMSTANCES FOR FAROE ISLANDS AND GREENLAND
ANNULAR SOLAR ECLIPSE OF 2003 MAY 31

Location Name	Latitude	Longitude	Elev.	First Contact U.T. h m s	P °	V °	Alt °	Second Contact U.T. h m s	P °	V °	Alt °	Third Contact U.T. h m s	P °	V °	Alt °	Fourth Contact U.T. h m s	P °	V °	Alt °	Maximum Eclipse U.T. h m s	P °	V °	Alt °	Azm °	Eclip. Mag.	Eclip. Obs.	Umbral Depth	Umbral Durat.
FAROE ISLANDS			m																									
Tórshavn	62°01'N	006°46'W	—	02:56:38.2	256	272	0	03:51:19.0	284	306	6	03:54:27.4	44	66	6	04:51:06.7	73	99	9	03:52:53.2	344	6	4	47	0.954	0.881	0.501	03m08s
Vaag	61°29'N	006°49'W	—					03:50:40.4	285	307	6	03:53:46.6	43	65	6	04:50:17.2	72	99	9	03:52:13.5	344	6	3	47	0.953	0.881	0.485	03m06s
GREENLAND																												
Angmagssalik	65°36'N	037°41'W	—	—				04:13:44.9	258	269	3	04:17:19.8	74	85	3	05:11:43.4	76	91	3	04:15:32.4	346	357	0	25	0.968	0.879	0.963	03m35s
Christianshåb	68°50'N	051°12'W	—	—				04:24:27.4	292	298	2	04:27:23.7	42	47	2	05:22:32.3	75	86	3	04:25:55.5	347	353	2	15	0.951	0.880	0.422	02m56s
Bgedesminde	68°42'N	052°45'W	—	—				04:25:25.7	297	302	2	04:28:12.1	37	43	2	05:22:19.0	75	86	3	04:26:48.9	347	352	2	14	0.949	0.880	0.363	02m46s
Holsteinsborg	66°55'N	053°40'W	—	03:30:38.5	259	259	1	04:25:17.7	295	300	2	04:28:07.2	39	45	2	05:22:31.1	76	86	3	04:26:42.5	347	353	2	13	0.950	0.879	0.384	02m49s
Jakobshavn	69°13'N	051°06'W	—	—				04:24:35.2	294	299	3	04:27:28.7	40	45	3	05:22:47.5	75	86	4	04:26:02.0	347	353	3	15	0.951	0.880	0.403	02m53s
Lievely	69°15'N	053°33'W	—	03:29:38.8	258	259	1	04:26:14.0	302	307	2	04:28:47.7	32	37	2	05:24:11.5	75	85	4	04:27:30.9	347	352	3	13	0.947	0.880	0.403	02m34s
Qutdligssat	70°04'N	051°06'W	—	03:31:08.3	259	259	1	04:26:17.5	304	309	3	04:28:44.2	30	35	3	05:24:31.3	75	85	4	04:27:30.9	347	352	3	13	0.946	0.881	0.296	02m34s
Ritenbenk	69°46'N	051°19'W	—	03:30:49.2	259	259	2	04:25:01.1	297	302	2	04:28:44.2	37	42	2	05:23:21.5	75	85	4	04:27:46.8	347	352	3	15	0.946	0.880	0.264	02m27s
Thule	76°34'N	068°47'W	—	03:37:19.1	261	258	9	—				—				05:35:57.4	73	77	9	04:36:42.0	347	347	9	1	0.902	0.850	0.356	02m46s
Umanak	70°40'N	052°07'W	—	03:30:18.3	259	259	3	04:26:02.5	305	310	3	04:27:14.5	28	34	3	05:24:27.6	73	85	4	04:27:14.5	347	352	3	14	0.946	0.881	0.251	
Upernavik	72°47'N	056°10'W	—	03:32:27.2	259	259	5	—				—				05:28:10.1	75	82	6	04:30:12.6	347	351	5	11	0.935	0.880		02m24s

TABLE 1.9
LOCAL CIRCUMSTANCES FOR ENGLAND, IRELAND, N. IRELAND AND WALES
ANNULAR SOLAR ECLIPSE OF 2003 MAY 31

Location Name	Latitude	Longitude	Elev.	First Contact U.T. h m s	P °	V °	Alt °	Second Contact U.T. h m s	P °	V °	Alt °	Third Contact U.T. h m s	P °	V °	Alt °	Fourth Contact U.T. h m s	P °	V °	Alt °	Maximum Eclipse U.T. h m s	P °	V °	Alt °	Azm °	Eclip. Mag.	Eclip. Obs.
ENGLAND			m																								
Birmingham	52°30'N	001°50'W	163	—				—				—				04:34:02.0	69	104	5	03:49 Rise	—	—	0	50	0.760	0.681
Blackpool	53°50'N	003°03'W	—	—				—				—				04:36:41.1	70	103	5	03:50 Rise	—	—	0	50	0.784	0.710
Bournemouth	50°43'N	001°54'W	—	—				—				—				04:31:24.6	69	103	6	04:02 Rise	—	—	0	53	0.497	0.380
Bradford	53°48'N	001°45'W	—	—				—				—				04:35:57.9	70	103	6	03:45 Rise	—	—	0	50	0.851	0.789
Brighton	50°50'N	000°08'W	—	—				—				—				04:30:36.6	68	105	6	03:55 Rise	—	—	0	53	0.609	0.505
Bristol	51°27'N	002°35'W	—	—				—				—				04:32:52.5	69	104	4	04:01 Rise	—	—	0	52	0.537	0.423
Coventry	52°25'N	001°30'W	—	—				—				—				04:33:52.9	69	104	5	03:52 Rise	—	—	0	51	0.706	0.617
Derby	52°55'N	001°29'W	—	—				—				—				04:34:28.8	69	103	5	03:49 Rise	—	—	0	50	0.763	0.685
Huddersfield	53°39'N	001°47'W	—	—				—				—				04:35:45.1	70	103	5	03:46 Rise	—	—	0	50	0.832	0.766
Kingston	53°45'N	000°20'W	—	—				—				—				04:35:10.7	69	103	6	03:40 Rise	—	—	0	50	0.907	0.853
Leeds	53°50'N	001°35'W	—	—				—				—				04:35:55.9	70	103	6	03:45 Rise	—	—	0	50	0.863	0.803
Leicester	52°38'N	001°05'W	—	—				—				—				04:33:50.5	69	103	5	03:49 Rise	—	—	0	51	0.753	0.673
Liverpool	53°25'N	002°55'W	60	—				—				—				04:35:59.2	70	103	5	03:50 Rise	—	—	0	50	0.782	0.707
London	51°30'N	000°10'W	45	—				—				—				04:31:38.2	69	104	5	03:50 Rise	—	—	0	52	0.711	0.623
Manchester	53°30'N	002°15'W	—	—				—				—				04:35:49.9	70	103	5	03:49 Rise	—	—	0	50	0.789	0.715
Middlesbrough	54°35'N	001°14'W	—	—				—				—				04:36:54.9	70	103	6	03:39:57.8	344	12	0	49	0.922	0.868
Newcastle	54°59'N	001°35'W	—	—				—				—				04:37:42.4	70	103	6	03:40:42.0	344	11	0	49	0.924	0.870
Nottingham	52°58'N	001°10'W	—	—				—				—				04:34:23.5	69	104	5	03:48 Rise	—	—	0	51	0.787	0.713
Portsmouth	50°48'N	001°05'W	—	—				—				—				04:31:04.7	69	104	5	03:59 Rise	—	—	0	53	0.552	0.440
Preston	53°46'N	002°42'W	—	—				—				—				04:36:24.1	70	103	5	03:49 Rise	—	—	0	50	0.796	0.723
Sheffield	53°23'N	001°30'W	—	—				—				—				04:35:12.0	70	104	5	03:47 Rise	—	—	0	50	0.816	0.748
Southampton	50°55'N	001°25'W	—	—				—				—				04:31:26.2	69	104	4	03:59 Rise	—	—	0	53	0.545	0.433
Stoke-on-Trent	53°00'N	002°10'W	—	—				—				—				04:34:57.9	70	104	5	03:52 Rise	—	—	0	51	0.735	0.651
Wolverhampton	52°36'N	002°08'W	—	—				—				—				04:34:20.6	70	104	5	03:54 Rise	—	—	0	51	0.691	0.599
IRELAND																										
Dublin	53°20'N	006°15'W	47	—				—				—				04:37:41.0	71	103	3	04:04 Rise	—	—	0	50	0.578	0.469
NORTH IRELAND																										
Belfast	54°35'N	005°55'W	17	—				—				—				04:39:19.4	71	103	4	03:56 Rise	—	—	0	48	0.738	0.655
WALES																										
Cardiff	51°29'N	003°13'W	62	—				—				—				04:33:16.7	69	104	3	04:02 Rise	—	—	0	52	0.542	0.429
Newport	51°35'N	003°00'W	—	—				—				—				04:33:18.3	69	104	3	04:04 Rise	—	—	0	52	0.527	0.413
Port Talbot	51°36'N	003°47'W	—	—				—				—				04:33:46.2	69	104	3	04:05 Rise	—	—	0	52	0.484	0.366
Swansea	51°38'N	003°57'W	—	—				—				—				04:33:54.8	70	104	3	04:06 Rise	—	—	0	52	0.478	0.360

TABLE 1.10
LOCAL CIRCUMSTANCES FOR EUROPE: ALBANIA — FRANCE
ANNULAR SOLAR ECLIPSE OF 2003 MAY 31

Location Name	Latitude	Longitude	Elev.	First Contact U.T. h m s	P °	V °	Alt °	Second Contact U.T. h m s	P °	V °	Third Contact U.T. h m s	P °	V °	Fourth Contact U.T. h m s	P °	V °	Alt °	Maximum Eclipse U.T. h m s	P °	V °	Alt °	Azm °	Eclip. Mag.	Eclip. Obs.	Umbral Depth	Umbral Durat.
ALBANIA			m																							
Tiranë	41°20'N	019°50'E	7	—				—			—			04:05:11.0	57	106	8	03:11 Rise	—	—	0	60	0.742	0.659		
AUSTRIA																										
Graz	47°05'N	015°27'E	—	—				—			—			04:17:02.8	62	105	10	03:19:20.1	342	20	1	58	0.821	0.754		
Linz	48°18'N	014°18'E	—	—				—			—			04:19:37.0	63	105	10	03:21:44.4	342	19	2	58	0.836	0.771		
Wien (Vienna)	48°13'N	016°20'E	202	—				—			—			04:18:39.5	62	105	11	03:20:25.1	342	20	2	59	0.827	0.761		
BELARUS																										
Gomel'	52°25'N	031°00'E	—	02:21:59.9	262	296	4	—			—			04:22:59.6	59	99	22	03:20:27.3	340	19	12	70	0.789	0.716		
Minsk	53°54'N	027°34'E	225	02:25:48.4	261	293	4	—			—			04:26:26.1	61	100	20	03:24:11.9	341	17	12	68	0.816	0.749		
BELGIUM																										
Antwerpen	51°13'N	004°25'E	—	—				—			—			04:28:52.3	67	104	7	03:35 Rise	—	—	0	52	0.876	0.819		
Bruxelles	50°50'N	004°20'E	—	—				—			—			04:28:18.3	67	105	6	03:37 Rise	—	—	0	53	0.844	0.782		
Gent	51°03'N	003°43'E	—	—				—			—			04:28:57.0	67	105	6	03:38 Rise	—	—	0	53	0.837	0.772		
Liège	50°38'N	005°34'E	—	—				—			—			04:27:23.2	67	105	7	03:33 Rise	—	—	0	53	0.872	0.814		
BOSNIA & HERZEGOWINA																										
Sarajevo	43°52'N	018°25'E	—	—				—			—			04:10:13.1	59	106	9	03:13:02.1	341	23	1	59	0.779	0.704		
BULGARIA																										
Sofia	42°41'N	023°19'E	550	—				—			—			04:06:03.9	56	105	11	03:08:25.0	341	25	2	61	0.744	0.662		
Varna	43°13'N	027°55'E	35	—				—			—			04:05:23.6	55	104	15	03:06:41.4	340	25	5	64	0.726	0.641		
CROATIA																										
Zagreb	45°48'N	015°58'E	—	—				—			—			04:14:37.3	61	105	9	03:17:13.9	342	21	1	58	0.808	0.738		
CZECH REPUBLIC																										
Ostrava	49°50'N	018°17'E	202	—				—			—			04:20:50.1	62	104	13	03:21:42.8	341	19	4	61	0.832	0.767		
Praha	50°05'N	014°26'E	—	—				—			—			04:22:39.0	64	104	11	03:24:12.3	342	18	3	58	0.849	0.787		
DENMARK																										
Århus	56°09'N	010°13'E	49	—				—			—			04:34:48.1	68	102	12	03:35:26.1	342	13	5	57	0.898	0.845		
Copenhagen	55°40'N	012°35'E	13	—				—			—			04:33:10.8	67	102	13	03:33:30.0	342	14	6	59	0.888	0.834		
FINLAND																										
Helsinki	60°10'N	024°58'E	9	02:36:18.7	259	286	7	—			—			04:39:24.6	64	96	22	03:36:08.0	341	12	14	70	0.858	0.799		
FRANCE																										
Cannes	43°33'N	007°01'E	—	—				—			—			04:15:33.2	63	106	3	03:56 Rise	—	—	0	58	0.334	0.216		
Lille	50°38'N	003°04'E	43	—				—			—			04:28:37.4	67	105	6	03:41 Rise	—	—	0	53	0.793	0.720		
Lyon	45°45'N	004°51'E	286	—				—			—			04:20:09.1	65	106	3	03:52 Rise	—	—	0	56	0.468	0.349		
Marseille	43°18'N	005°24'E	75	—				—			—			04:16:08.4	63	106	2	04:01 Rise	—	—	0	58	0.256	0.147		
Nancy	48°41'N	006°12'E	—	—				—			—			04:23:58.2	66	105	6	03:49 Rise	—	—	0	55	0.740	0.657		
Nice	43°42'N	007°15'E	—	—				—			—			04:15:38.9	63	106	3	03:54 Rise	—	—	0	58	0.359	0.240		
Paris	48°52'N	002°20'E	50	—				—			—			04:26:17.4	67	105	4	03:52 Rise	—	—	0	54	0.579	0.470		
Rouen	49°26'N	001°05'E	—	—				—			—			04:27:50.1	67	105	4	03:56 Rise	—	—	0	54	0.534	0.420		
Saint Étienne	45°26'N	004°24'E	—	—				—			—			04:19:56.6	65	106	3	03:59 Rise	—	—	0	57	0.348	0.228		
Strasbourg	48°35'N	007°45'E	142	—				—			—			04:23:02.4	65	105	7	03:30 Rise	—	—	0	54	0.839	0.775		
Toulon	43°07'N	005°56'E	—	—				—			—			04:15:32.5	63	106	2	04:01 Rise	—	—	0	59	0.238	0.132		
Tours	47°23'N	000°41'E	—	—				—			—			04:25:00.7	67	106	2	04:07 Rise	—	—	0	56	0.313	0.196		

TABLE 1.11
LOCAL CIRCUMSTANCES FOR EUROPE: GERMANY — NORWAY
ANNULAR SOLAR ECLIPSE OF 2003 MAY 31

Location Name	Latitude	Longitude	Elev. (m)	First Contact U.T. h m s	P °	V °	Alt °	Second Contact U.T. h m s	P °	V °	Alt °	Third Contact U.T. h m s	P °	V °	Alt °	Fourth Contact U.T. h m s	P °	V °	Alt °	Maximum Eclipse U.T. h m s	P °	V °	Alt °	Azm °	Eclip. Mag.	Eclip. Obs.	Umbral Depth	Umbral Durat.
GERMANY																												
Aachen	50°47'N	006°05'E	—	—				—				—				04:27:23.0	67	105	7	03:30:16.5	343	16	0	53	0.881	0.825		
Berlin	52°30'N	013°22'E	—	—				—				—				04:27:16.8	65	103	12	03:28:20.1	342	16	4	58	0.869	0.811		
Bielefeld	52°01'N	008°31'E	—	—				—				—				04:28:19.5	67	104	9	03:30:25.6	343	16	2	55	0.882	0.826		
Bonn	50°44'N	007°05'E	—	—				—				—				04:26:50.2	66	105	8	03:29:33.9	343	15	0	54	0.878	0.821		
Bremen	53°04'N	008°49'E	16	—				—				—				04:29:58.3	67	103	10	03:31:43.2	343	16	2	55	0.887	0.832		
Dortmund	51°31'N	007°28'E	—	—				—				—				04:27:56.8	67	104	8	03:30:22.9	343	16	1	54	0.882	0.826		
Dresden	51°03'N	013°44'E	—	—				—				—				04:24:36.1	65	104	11	03:26:00.4	342	17	3	58	0.858	0.798		
Düsseldorf	51°25'N	006°46'E	—	—				—				—				04:28:05.8	67	104	8	03:30:41.1	343	16	1	54	0.883	0.827		
Düsseldorf	51°12'N	006°47'E	—	—				—				—				04:27:44.1	67	104	8	03:30:22.9	343	16	1	53	0.882	0.826		
Frankfurt	50°07'N	008°40'E	103	—				—				—				04:25:06.3	66	105	8	03:27:43.7	342	17	0	54	0.869	0.810		
Hamburg	53°33'N	009°59'E	20	—				—				—				04:30:20.7	67	103	11	03:31:44.5	342	15	3	56	0.886	0.831		
Hannover	52°24'N	009°44'E	—	—				—				—				04:28:28.4	66	104	10	03:30:14.5	342	16	2	56	0.880	0.824		
Karlsruhe	49°03'N	008°24'E	—	—				—				—				04:23:29.0	65	105	7	03:29 Rise	—	—	—	55	0.854	0.793		
Köln (Cologne)	50°56'N	006°59'E	—	—				—				—				04:27:12.5	67	104	8	03:29:53.8	343	16	0	54	0.880	0.823		
Leipzig	51°19'N	012°20'E	—	—				—				—				04:25:35.7	65	104	11	03:27:11.3	342	17	3	57	0.865	0.806		
Mannheim	49°29'N	008°29'E	—	—				—				—				04:24:09.0	65	105	7	03:26:59.6	343	17	0	54	0.865	0.806		
München	48°08'N	011°34'E	530	—				—				—				04:20:30.6	64	105	9	03:23:11.7	342	19	0	56	0.844	0.782		
Nürnberg	49°27'N	011°04'E	320	—				—				—				04:22:56.0	65	105	9	03:25:18.9	342	18	1	56	0.856	0.796		
Stuttgart	48°46'N	009°11'E	—	—				—				—				04:22:39.1	65	105	8	03:27 Rise	—	—	—	55	0.855	0.794		
Wiesbaden	50°05'N	008°14'E	—	—				—				—				04:25:14.8	66	105	8	03:27:57.5	343	17	0	54	0.870	0.812		
GREECE																												
Athens	37°58'N	023°43'E	107	—				—				—				03:57:24.6	53	105	9	03:04 Rise	—	—	—	61	0.684	0.591		
HUNGARY																												
Budapest	47°30'N	019°05'E	120	—				—				—				04:16:21.3	61	104	12	03:17:48.6	341	21	3	60	0.810	0.741		
ITALY																												
Bologna	44°29'N	011°20'E	—	—				—				—				04:14:38.4	62	106	6	03:35 Rise	—	—	—	58	0.641	0.541		
Catania	37°30'N	015°06'E	—	—				—				—				04:01:18.7	56	106	5	03:42 Rise	—	—	—	61	0.313	0.196		
Florence	43°46'N	011°15'E	—	—				—				—				04:13:31.9	62	106	5	03:38 Rise	—	—	—	58	0.580	0.471		
Genoa	44°25'N	008°57'E	97	—				—				—				04:15:48.1	63	106	4	03:43 Rise	—	—	—	57	0.613	0.509		
Milan	45°28'N	009°12'E	—	—				—				—				04:17:19.6	63	106	5	03:40 Rise	—	—	—	57	0.648	0.436		
Naples	40°51'N	014°17'E	25	—				—				—				04:07:19.6	59	105	5	03:34 Rise	—	—	—	60	0.527	0.412		
Palermo	38°07'N	013°22'E	108	—				—				—				04:03:20.5	57	107	2	03:45 Rise	—	—	—	61	0.299	0.184		
Rome	41°54'N	012°29'E	115	—				—				—				04:09:52.4	60	106	5	03:37 Rise	—	—	—	59	0.534	0.420		
Turin	45°03'N	007°40'E	—	—				—				—				04:17:29.8	63	106	4	03:48 Rise	—	—	—	57	0.496	0.378		
LATVIA																												
Riga	56°57'N	024°06'E	—	02:31:56.0	259	288	5	—				—				04:33:01.3	63	99	20	03:30:42.0	341	14	12	68	0.849	0.788		
LITHUANIA																												
Vilnius	54°41'N	025°19'E	—	02:28:04.3	260	291	4	—				—				04:28:19.9	62	100	19	03:26:21.2	341	16	11	67	0.832	0.768		
LUXEMBOURG																												
Luxembourg	49°36'N	006°09'E	334	—				—				—				04:25:27.1	66	105	6	03:30 Rise	—	—	—	53	0.868	0.809		
MACEDONIA																												
Skopje	41°59'N	021°26'E	240	—				—				—				04:05:35.8	57	105	10	03:08:33.6	341	25	1	60	0.746	0.664		
MOLDOVA																												
Kisin'ov	47°00'N	028°50'E	—	—				—				—				04:12:28.2	57	102	18	03:12:09.5	340	23	8	66	0.758	0.679		
MONACO																												
Monaco	43°42'N	007°23'E	55	—				—				—				04:15:34.2	63	106	3	03:52 Rise	—	—	—	58	0.395	0.274		
NETHERLANDS																												
Amsterdam	52°22'N	004°54'E	2	—				—				—				04:30:29.5	68	104	8	03:33:08.3	343	15	0	53	0.895	0.840		
Rotterdam	51°55'N	004°28'E	—	—				—				—				04:29:58.0	68	104	7	03:32:49.0	343	15	0	52	0.893	0.838		
S'Gravenhage	52°06'N	004°18'E	—	—				—				—				04:30:20.4	68	104	7	03:33:10.0	343	15	0	52	0.895	0.840		
Utrecht	52°05'N	005°08'E	—	—				—				—				04:29:55.5	68	104	8	03:32:36.7	343	15	1	53	0.892	0.837		
NORWAY																												
Oslo	59°55'N	010°45'E	94	02:43:16.8	257	280	2	—				—				04:41:25.9	68	99	15	03:40:57.7	343	10	8	59	0.910	0.858		

TABLE 1.12
LOCAL CIRCUMSTANCES FOR EUROPE: POLAND — YUGOSLAVIA
ANNULAR SOLAR ECLIPSE OF 2003 MAY 31

Location Name	Latitude	Longitude	Elev.	First Contact U.T. h m s	P °	V °	Alt °	Second Contact U.T. h m s	P °	V °	Alt °	Third Contact U.T. h m s	P °	V °	Alt °	Fourth Contact U.T. h m s	P °	V °	Alt °	Maximum Eclipse U.T. h m s	P °	V °	Alt °	Azm °	Eclip. Mag.	Eclip. Obs.	Umbral Depth	Umbral Durat.
POLAND			m																									
Gdansk	54°23'N	018°40'E	11	02:31:24.2	259	288	1	—				—				04:29:06.6	64	102	16	03:28:35.2	342	16	8	63	0.859	0.800		
Krakow	50°03'N	019°58'E	220	—				—				—				04:20:41.4	62	103	14	03:21:10.0	341	19	5	62	0.826	0.760		
Lodz	51°46'N	019°30'E	—	—				—				—				04:24:00.1	63	103	15	03:24:03.4	341	18	6	62	0.840	0.777		
Warsaw	52°15'N	021°00'E	90	02:27:13.5	260	292	0	—				—				04:24:30.1	63	102	16	03:24:06.6	341	18	7	63	0.837	0.773		
Wroclaw	51°06'N	017°00'E	147	—				—				—				04:23:32.8	63	103	13	03:24:17.9	342	18	5	60	0.846	0.784		
ROMANIA																												
Bucharest	44°26'N	026°06'E	82	—				—				—				04:08:17.8	56	104	14	03:09:27.7	340	24	5	64	0.748	0.667		
RUSSIA																												
Barnaul	53°22'N	083°45'E	—	02:30:21.4	284	323	36	—				—				04:39:48.3	29	55	53	03:32:33.5	336	11	45	118	0.382	0.263		
Chelyabinsk	55°10'N	061°24'E	—	02:20:53.4	271	308	22	—				—				04:33:26.8	45	80	40	03:24:28.8	338	16	31	96	0.603	0.499		
Ekaterinburg	48°05'N	039°40'E	272	02:12:00.8	267	306	6	—				—				04:13:04.9	52	98	25	03:10:13.2	339	23	15	74	0.702	0.613		
Izevsk	56°51'N	053°14'E	—	02:13:21.8	267	302	18	—				—				04:26:36.0	51	85	36	03:26:36.0	339	15	27	90	0.679	0.587		
Jaroslavl'	57°37'N	039°52'E	—	02:26:47.1	266	295	12	—				—				04:34:03.7	57	93	28	03:28:15.1	340	15	20	80	0.771	0.696		
Kazan	55°49'N	049°08'E	—	02:21:50.0	266	301	15	—				—				04:31:23.5	52	89	33	03:24:09.6	339	16	24	86	0.700	0.611		
Krasnodar	45°02'N	039°00'E	—	02:08:08.3	267	310	3	—				—				04:06:31.4	50	99	23	03:05:01.9	339	25	13	71	0.676	0.583		
Krasnojarsk	56°01'N	092°50'E	152	02:44:48.1	288	320	42	—				—				04:54:08.4	27	40	55	03:47:27.7	337	3	49	135	0.342	0.224		
Kujbysev	53°12'N	050°09'E	—	02:17:14.2	267	305	15	—				—				04:25:26.7	50	90	33	03:18:47.4	338	17	24	84	0.672	0.579		
Moscow	55°45'N	037°35'E	154	02:24:24.0	262	296	10	—				—				04:29:49.0	57	95	27	03:24:56.5	340	16	18	77	0.773	0.698		
Nizhny Novgorod..	56°20'N	044°00'E	—	02:23:35.8	264	298	13	—				—				04:31:40.8	55	91	30	03:25:19.4	339	16	21	82	0.738	0.656		
Novokuzneck	53°45'N	087°06'E	—	02:34:38.6	286	324	39	—				—				04:43:05.6	27	49	54	03:36:29.8	336	9	47	123	0.356	0.238		
Novosibirsk	55°02'N	082°55'E	—	02:32:00.3	282	319	36	—				—				04:44:14.7	32	55	52	03:35:37.2	337	10	44	119	0.414	0.295		
Omsk	55°00'N	073°24'E	85	02:24:51.3	277	315	29	—				—				04:38:31.7	38	68	47	03:28:58.8	337	13	38	108	0.500	0.384		
Orenburg	51°54'N	055°06'E	—	02:14:43.1	270	310	17	—				—				04:23:21.0	46	87	36	03:16:20.8	338	20	26	87	0.623	0.521		
Penza	53°13'N	045°00'E	—	02:18:10.7	265	303	12	—				—				04:24:43.1	52	93	30	03:19:01.6	339	19	21	81	0.709	0.621		
Perm	58°00'N	056°15'E	—	02:25:30.0	268	302	20	—				—				04:38:30.1	50	82	37	03:29:30.4	339	14	29	94	0.667	0.572		
St. Petersburg	59°55'N	030°15'E	5	02:33:45.0	266	288	9	—				—				04:38:38.0	62	95	24	03:34:19.7	341	12	16	74	0.833	0.770		
Saratov	51°34'N	046°02'E	60	02:15:17.2	266	305	11	—				—				04:21:02.2	51	93	30	03:15:40.9	339	20	20	80	0.688	0.597		
Tula	54°12'N	037°37'E	—	02:21:55.4	263	298	9	—				—				04:26:26.9	57	96	26	03:21:59.1	340	18	17	76	0.763	0.686		
Ufa	54°44'N	055°56'E	174	02:19:35.3	269	306	19	—				—				04:30:31.8	48	85	37	03:22:25.9	338	17	28	91	0.642	0.543		
Volgograd	48°44'N	044°25'E	—	02:11:20.9	267	308	9	—				—				04:14:26.1	50	95	28	03:10:25.7	339	23	18	77	0.675	0.581		
SLOVAKIA																												
Bratislava	48°09'N	017°07'E	—	—				—				—				04:18:14.5	62	105	11	03:19:52.3	342	20	3	59	0.823	0.757		
SWEDEN																												
Goteborg	57°43'N	011°58'E	17	02:39:45.3	257	282	1	—				—				04:37:04.4	67	101	14	03:36:57.5	342	12	7	59	0.899	0.846		
Malmo	55°36'N	013°00'E	—	02:36:27.7	258	285	0	—				—				04:32:55.9	67	102	14	03:33:11.4	342	14	6	59	0.887	0.832		
Stockholm	59°20'N	018°03'E	45	02:38:26.4	258	284	4	—				—				04:38:40.9	66	99	18	03:36:59.0	342	12	11	64	0.883	0.828		
SWITZERLAND																												
Basel	47°33'N	007°35'E	405	—				—				—				04:21:28.3	65	106	6	03:38 Rise				56	0.709	0.620		
Geneva	46°12'N	006°09'E	405	—				—				—				04:20:06.7	65	106	8	03:45 Rise				56	0.593	0.486		
Zurich	47°23'N	008°32'E	493	—				—				—				04:20:43.5	64	106	6	03:30 Rise				55	0.814	0.745		
UKRAINE																												
Dnepropetrovsk	48°27'N	034°59'E	79	02:14:31.9	265	303	4	—				—				04:14:18.1	55	100	22	03:12:13.8	340	22	12	71	0.735	0.652		
Doneck	48°45'N	037°48'E	—	02:12:39.4	265	305	5	—				—				04:13:26.7	53	99	23	03:10:34.7	339	23	14	72	0.713	0.626		
Kharkov	50°00'N	036°15'E	—	02:16:08.6	263	302	5	—				—				04:17:27.0	55	99	24	03:14:34.7	340	21	14	72	0.740	0.658		
Kiev	50°26'N	030°15'E	—	02:19:26.9	263	298	3	—				—				04:19:00.3	58	101	20	03:17:11.0	340	22	11	69	0.777	0.702		
Kramatorsk	48°43'N	037°32'E	—	02:13:46.4	265	304	5	—				—				04:14:36.4	54	98	24	03:11:55.6	340	22	14	72	0.721	0.636		
Lugansk	48°34'N	039°20'E	—	02:12:49.9	266	305	6	—				—				04:14:09.5	53	98	25	03:11:10.7	339	22	15	74	0.708	0.620		
L'vov	49°50'N	024°00'E	298	02:22:18.2	261	296	0	—				—				04:19:00.5	60	103	16	03:18:52.4	341	20	7	64	0.806	0.737		
Nikolajev	46°58'N	032°00'E	—	02:14:02.8	264	303	1	—				—				04:11:43.0	55	101	20	03:10:47.1	340	23	10	68	0.739	0.657		
Odessa	46°28'N	030°44'E	65	02:14:05.8	264	303	0	—				—				04:10:58.5	55	102	18	03:10:28.7	340	23	9	67	0.742	0.660		
YUGOSLAVIA																												
Beograd	44°50'N	020°30'E	138	—				—				—				04:11:03.0	59	105	11	03:13:08.1	341	23	2	60	0.779	0.704		

TABLE 1.13
LOCAL CIRCUMSTANCES FOR ASIA MINOR
ANNULAR SOLAR ECLIPSE OF 2003 MAY 31

Location Name	Latitude	Longitude	Elev. m	First Contact U.T. h m s	P °	V °	Alt °	Second Contact U.T. h m s	P °	V °	Third Contact U.T. h m s	P °	V °	Fourth Contact U.T. h m s	P °	V °	Alt °	Maximum Eclipse U.T. h m s	P °	V °	Alt °	Azm °	Eclip. Mag.	Eclip. Obs.	Umbral Depth	Umbral Durat.
ARMENIA																										
Jerevan	40°11'N	044°30'E	–	01:59:56.6	273	320	4	–			–			03:54:55.0	43	98	24	02:55:03.4	338	30	13	72	0.582	0.474		
AZERBAIJAN																										
Baku	40°23'N	049°51'E	–	01:58:38.6	275	324	7	–			–			03:54:35.2	40	95	28	02:54:06.8	337	30	17	75	0.541	0.428		
BAHRAIN																										
Al-Manamah	26°13'N	050°35'E	–	01:46:57.7	290	351	0	–			–			03:18:36.9	24	92	19	02:31:06.1	337	42	9	70	0.321	0.204		
GEORGIA																										
Tbilisi	41°43'N	044°49'E	–	02:01:40.1	272	318	5	–			–			03:58:22.3	44	98	25	02:57:36.2	338	29	14	73	0.598	0.492		
IRAN																										
Esfahan	32°40'N	051°38'E	1597	01:50:28.6	282	339	4	–			–			03:34:54.7	31	94	25	02:40:31.5	337	37	14	73	0.418	0.298		
Mashhad	36°18'N	059°36'E	–	01:53:31.5	283	339	12	–			–			03:42:23.9	28	89	33	02:45:32.4	336	34	22	78	0.395	0.275		
Qom	34°39'N	050°54'E	–	01:52:20.0	280	334	4	–			–			03:40:12.0	34	95	25	02:43:59.3	337	35	14	73	0.454	0.335		
Shiraz	29°37'N	052°33'E	–	01:48:16.1	286	346	3	–			–			03:26:32.2	26	93	23	02:35:26.9	336	39	12	72	0.361	0.241		
Tehran	35°40'N	051°26'E	1200	01:53:10.2	279	333	5	–			–			03:42:36.5	34	94	27	02:45:33.0	337	34	15	74	0.464	0.345		
IRAQ																										
Baghdad	33°21'N	044°25'E	34	–				–			–			03:39:17.8	37	98	20	02:44:04.4	338	35	9	70	0.489	0.372		
ISRAEL																										
Tel Aviv-Yafo	32°04'N	034°46'E	10	–				–			–			03:40:48.6	42	102	12	02:46:59.1	339	35	2	65	0.540	0.427		
JORDAN																										
'Amman	31°57'N	035°56'E	776	–				–			–			03:39:59.1	41	101	13	02:46:09.3	339	35	2	65	0.531	0.417		
KUWAIT																										
Al-Kuwayt	29°20'N	047°59'E	5	–				–			–			03:28:07.9	30	95	19	02:36:38.2	337	39	9	70	0.397	0.277		
LEBANON																										
Beirut	33°53'N	035°30'E	–	–				–			–			03:44:09.4	43	102	14	02:49:04.3	339	34	3	66	0.562	0.452		
Tripoli	34°26'N	035°51'E	–	–				–			–			03:45:07.6	43	102	14	02:49:39.7	339	33	4	66	0.568	0.458		
OMAN																										
Masqat	23°37'N	058°35'E	–	01:47:12.9	299	6	5	–			–			03:04:34.1	12	84	22	02:24:38.5	335	45	13	72	0.196	0.100		
SAUDI ARABIA																										
Riyadh	24°38'N	046°43'E	591	–				–			–			03:17:08.0	25	94	15	02:30:39.1	337	43	5	68	0.327	0.209		
SYRIA																										
Damascus	33°30'N	036°18'E	720	–				–			–			03:43:00.3	42	102	14	02:48:05.8	339	34	3	66	0.552	0.440		
TURKEY																										
Adana	37°01'N	035°18'E	25	–				–			–			03:50:37.7	46	102	16	02:53:41.3	339	31	5	66	0.607	0.503		
Ankara	39°56'N	032°52'E	861	–				–			–			03:59:21.5	50	103	16	02:59:14.5	339	29	6	66	0.660	0.563		
Bursa	40°11'N	029°04'E	–	–				–			–			03:59:11.5	52	104	14	03:01:34.8	340	28	4	64	0.685	0.593		
Gaziantep	37°05'N	037°22'E	–	–				–			–			03:50:01.5	45	101	17	02:52:47.7	339	31	6	67	0.594	0.488		
Istanbul	41°01'N	028°58'E	18	–				–			–			04:00:49.4	53	104	14	03:02:51.4	340	27	4	64	0.696	0.605		
Izmir	38°25'N	027°09'E	28	–				–			–			03:56:38.4	51	105	11	03:00:09.1	340	29	1	62	0.674	0.580		
Konya	37°52'N	032°31'E	–	–				–			–			03:53:23.1	48	103	14	02:56:21.6	339	30	4	65	0.636	0.536		
UNITED ARAB EMIRATES																										
Abu Dhabi	24°28'N	054°22'E	–	01:46:22.4	294	359	2	–			–			03:10:57.9	18	88	20	02:27:11.8	336	44	10	71	0.254	0.146		
YEMEN																										
Sana	15°23'N	044°12'E	–	–				–			–			02:54:11.1	11	86	4	02:33 Rise	–	–	0	67	0.142	0.062		

TABLE 1.14
LOCAL CIRCUMSTANCES FOR ASIA
ANNULAR SOLAR ECLIPSE OF 2003 MAY 31

Location Name	Latitude	Longitude	Elev. (m)	First Contact U.T. h m s	P °	V °	Alt °	Second Contact U.T. h m s	P °	V °	Alt °	Third Contact U.T. h m s	P °	V °	Alt °	Fourth Contact U.T. h m s	P °	V °	Alt °	Maximum Eclipse U.T. h m s	P °	V °	Alt °	Azm °	Eclip. Mag.	Eclip. Obs.	Umbral Depth	Umbral Durat.
AFGHANISTAN																												
Kabul	34°31'N	069°12'E	1815	01:55:36.8	292	351	19	—				—				03:33:59.0	17	79	39	02:42:42.7	334	36	29	82	0.264	0.154		
CHINA																												
Shihezi	44°18'N	086°02'E	—	02:23:06.5	295	346	38	—				—				04:07:53.3	13	55	56	03:13:24.8	334	22	47	106	0.215	0.114		
Wulumuqi	43°48'N	087°35'E	906	02:25:35.1	298	349	40	—				—				04:05:36.1	10	52	57	03:13:41.5	334	22	48	107	0.188	0.094		
INDIA																												
Ahmadabad	23°02'N	072°37'E	55	02:07:06.5	321	34	22	—				—				02:37:07.3	345	60	28	02:22:02.0	333	47	25	76	0.022	0.004		
Delhi	28°40'N	077°13'E	—	02:06:47.3	312	20	27	—				—				03:00:38.1	353	63	33	02:33:08.0	333	42	33	81	0.065	0.020		
Jaipur	26°55'N	075°49'E	—	02:06:02.4	314	24	25	—				—				02:53:36.1	351	63	35	02:29:24.0	333	44	30	79	0.052	0.014		
New Delhi	28°36'N	077°12'E	212	02:06:50.1	312	20	27	—				—				03:00:17.3	353	63	38	02:32:59.7	333	42	32	81	0.064	0.019		
KAZAKHSTAN																												
Alma-Ata	43°15'N	076°57'E	775	02:10:08.0	288	340	29	—				—				04:03:25.5	21	69	50	03:04:14.1	334	26	39	96	0.306	0.190		
Karaganda	49°50'N	073°10'E	—	02:16:11.6	280	324	28	—				—				04:23:44.9	32	71	48	03:17:08.2	336	19	38	101	0.437	0.318		
KYRGYZSTAN																												
Bishkek (Frunze)	42°54'N	074°36'E	—	02:07:38.2	287	339	27	—				—				04:02:01.1	22	72	48	03:02:13.2	335	27	37	94	0.327	0.210		
PAKISTAN																												
Faisalabad	31°25'N	073°05'E	—	01:58:00.2	300	4	22	—				—				03:19:46.4	7	73	39	02:37:25.3	333	39	30	81	0.166	0.078		
Islamabad	33°42'N	073°10'E	—	01:58:40.2	297	358	23	—				—				03:28:52.2	11	74	41	02:41:59.6	334	37	35	83	0.203	0.105		
Karachi	24°52'N	067°03'E	4	01:52:34.8	305	14	14	—				—				02:59:33.2	2	76	29	02:25:07.0	334	45	21	75	0.125	0.051		
Lahore	31°35'N	074°18'E	—	01:59:35.7	301	5	23	—				—				03:19:18.1	5	72	40	02:38:03.4	333	39	31	82	0.154	0.070		
Rawalpindi	33°36'N	073°04'E	511	01:58:30.5	297	358	23	—				—				03:28:33.0	10	75	41	02:41:45.4	334	37	31	83	0.203	0.105		
TAJIKISTAN																												
Dusanbe	38°35'N	068°48'E	—	01:58:52.3	287	342	20	—				—				03:47:46.6	22	80	41	02:50:51.2	335	32	30	85	0.330	0.213		
TURKMENISTAN																												
Aschabad	37°57'N	058°23'E	—	01:55:06.9	281	334	12	—				—				03:47:14.3	31	89	33	02:48:39.6	336	33	22	79	0.431	0.311		
UZBEKISTAN																												
Taskent	41°20'N	069°18'E	—	02:02:10.4	284	337	22	—				—				03:56:36.5	25	79	43	02:56:44.7	335	29	32	88	0.364	0.245		

TABLE 1.15
LOCAL CIRCUMSTANCES FOR ALASKA & CANADA
ANNULAR SOLAR ECLIPSE OF 2003 MAY 31

Location Name	Latitude	Longitude	Elev. (m)	First Contact U.T. h m s	P °	V °	Alt °	Second Contact U.T. h m s	P °	V °	Alt °	Third Contact U.T. h m s	P °	V °	Alt °	Fourth Contact U.T. h m s	P °	V °	Alt °	Maximum Eclipse U.T. h m s	P °	V °	Alt °	Azm °	Eclip. Mag.	Eclip. Obs.	Umbral Depth	Umbral Durat.
ALASKA																												
Anchorage	61°13'N	149°54'W	26	04:31:17.2	288	259	15	—				—				06:21:21.1	54	31	4	05:27:42.9	351	324	9	300	0.530	0.417		
Barrow	71°18'N	156°47'W	—	04:09:59.1	280	260	22	—				—				06:11:30.5	59	41	13	05:12:00.0	349	330	17	288	0.623	0.521		
Cordova	60°33'N	145°45'W	—	04:31:21.7	287	258	13	—				—				06:20:33.7	55	33	2	05:27:18.2	351	325	7	303	0.546	0.434		
Fairbanks	64°51'N	147°43'W	133	04:23:02.2	284	258	16	—				—				06:17:14.6	58	38	6	05:21:28.3	351	327	11	300	0.588	0.481		
Juneau	58°18'N	134°25'W	4	04:30:38.1	285	256	7	—				—				—				05:25:05.4	352	327	2	313	0.586	0.478		
Kenai	60°33'N	151°16'W	—	04:33:07.2	289	259	15	—				—				06:22:19.5	53	29	4	05:29:08.2	351	324	9	299	0.514	0.398		
Kodiak	57°47'N	152°24'W	—	04:39:35.1	293	260	14	—				—				06:24:49.8	51	24	2	05:33:37.3	352	322	8	299	0.468	0.349		
Nome	64°30'N	165°25'W	—	04:25:51.4	290	262	23	—				—				06:20:46.0	51	27	11	05:24:51.2	351	324	17	285	0.493	0.376		
Petersburg	56°48'N	132°58'W	—	04:32:23.8	286	256	5	—				—				—				05:26:00.0	352	327	1	314	0.577	0.468		
Seward	60°07'N	149°27'W	—	04:33:30.3	289	259	14	—				—				06:22:09.4	54	30	3	05:29:13.4	352	324	8	301	0.518	0.404		
Sitka	57°03'N	135°20'W	—	04:33:17.7	287	256	6	—				—				—				05:27:03.0	352	326	1	312	0.565	0.455		
CANADA																												
Alert, NU	82°30'N	062°18'W	—	03:32:47.6	262	261	14	—				—				05:36:38.1	70	73	15	04:34:42.5	346	347	14	7	0.873	0.817		
Resolute Bay, NU	74°43'N	094°59'W	—	03:49:21.5	265	256	10	—				—				05:47:14.7	71	69	7	04:48:42.3	348	342	8	339	0.853	0.792		
Whitehorse, YT	60°43'N	135°03'W	702	04:26:43.6	283	256	9	—				—				—				05:22:29.4	351	328	3	311	0.610	0.506		
Yellowknife, NT	62°27'N	114°21'W	205	04:13:21.8	275	254	3	—				—				—				05:09:01.2	350	334	0	327	0.735	0.652		

Table 1.16 - Weather Statistics for Annular Solar Eclipse of 2003 May 31

Location	Latitude	Longitude	Percent Frequency of Clear	Scattered	Broken	Overcast & Obscured	obability	% hours with cloud< 0.3 & vis >2	Monthly pcpn (mm)	% observations with precipitation	% observations with fog	Mean Wind	Prevailing direction			
Greenland																
Angmagssalik	65.60	-37.63	10.0	18.7	17.3	53.9	0.27	17	58.4	38.0	15.5	11.1	vrbl	3		-2
Danmarkshaun	76.77	-18.67	19.6	26.3	17.7	36.4	0.42	30	5.1	22.1	18.9	10.0	W	-4		-9
Egedesminde *	68.70	-52.75	4.8	24.4	32.5	38.2	0.30	11	15.2	20.7	5.2	5.8	W	0		-4
Frederikshab	62.00	-43.72	6.4	16.4	13.9	63.2	0.21	11		30.9	14.0	6.1	NW	3		-1
Godthab	64.17	-51.75	6.2	19.1	21.8	52.9	0.25	12	43.2	37.4	11.1	10.3	S	2		-2
Holsteinsborg	66.92	-53.67	13.5	21.1	20.7	44.8	0.33	21		24.3	5.4	5.0	ENE	2		-3
Jakobshavn *	69.25	-51.07	11.4	20.0	42.9	25.8	0.37	11		2 3.4	8.4	4.6	S	0		-4
Julianehab	60.72	-46.05	12.8	19.1	19.1	47.6	0.32	19		28.8	8.8	5.6	calm	6		1
Narssarssuaq	60.18	-45.42	6.7	25.9	28.1	39.2	0.32	19		3 3.7	2.2	6.7	ENE	8		2
Prins Christian	60.03	-43.12	14.8	20.1	16.7	48.4	0.33	22	177.8	31.1	5.6	12.1	N	3		0
Sonder Stromfjord	67.00	-50.80	7.8	29.6	42.2	20.4	0.40	20	12.7	21.5	0.2	6.9	ENE	6		-2
Upernavik	72.78	-56.17	12.2	25.8	22.9	39.1	0.36	21		18.4	4.4	5.5	calm	-2		-6
Iceland																
Akureyri *	65.68	-18.08	3.0	18.4	29.3	49.3	0.24	20	17.8	12.8	3.3	7.5	SE	9		3
Raufarhofn *	66.45	-15.95	6.8	15.1	22.3	55.9	0.23	11		17.3	19.1	9.1	SW	6		1
Blonduos *	65.67	-20.30	1.1	17	11.6	70.2	0.16	8		22.6	10.3	6.2	calm	7		3
Stykkisholmur *	65.08	-22.73	4.1	15.6	31.1	49.1	0.24	9	35.6	13.8	4.9	9.9	E	7		4
Hjardarnes *	65.25	-15.18	0.5	23.2	24.7	51.6	0.23	8	86.4	25.4	17.5	10.5	E	8		4
Reykjavik *	64.13	-21.54	0.9	26.9	35.2	36.9	0.29	13	43.2	34.3	7.4	9.3	E	8		4
Keflavik *	63.97	-22.60	2.4	20.7	32.3	44.7	0.26	10	76.2	23.1	8.2	10.0	NNE	4		4
Eyrarbakki *	63.87	-21.15	1.1	26.3	28.3	44.3	0.27	15		24.4	9.1	10.1	NE	9		5
Vestmannaeyjar *	63.40	-20.28	2.8	25.2	23.2	48.8	0.26	15	83.8	28.3	8.3	18.3	SE	7		4
Faeroes																
Thorshaun *	62.02	-6.77	4.6	12.4	28.3	54.6	0.21	7	78.7	32.3	9.9	8.0	calm	8		6
Jan Mayen *	70.93	-8.67	1.1	12.9	37.2	48.7	0.21	5	30.5	25.9	17.4	10.4	N	1		-2
United Kingdom																
Lerwick, Shetland Is. *	60.13	-1.18	0.6	21.2	39.1	39.1	0.26	9	55.9	27.4	19.1	10.8	N	9		6
Kirkwall, Orkney Is. *	58.95	-2.90	1.9	25.0	41.2	31.8	0.31	10		24.0	20.1	10.4	S	11		6
Wick *	58.45	-3.08	2.4	22.4	47.6	27.6	0.31	9		19.9	17.5	8.2	SE	11		6
Stornoway *	58.22	-6.32	2.3	32.0	36.5	29.2	0.34	17	55.9	27.1	6.7	8.6	vrbl	12		6
Aberdeen	57.20	-2.22	1.8	25.9	40.5	31.8	0.31	11	53.3	24.2	21.5	5.9	vrbl	13		6
Benbecula Island	57.47	-7.37	3.7	32.8	39.3	24.0	0.37	17		25.1	5.2	10.5	vrbl	12		7
Fort William	56.83	-5.10	2.7	26.6	42.3	28.4	0.33	10	99.1	11.9	0.5	4.9	calm	14		8
Invergordon Harbour *	57.68	-4.17	6.7	21.2	32.0	40.1	0.30	12		17.8	6.4	5.8	calm	13		8
Inverness *	57.53	-4.05	1.7	17.8	56.1	24.4	0.30	10	45.7	18.8	7.1	6.0	SW	13		7
Kinloss RAF *	57.65	-3.57	1.6	24.1	52.4	21.8	0.33	14	48.3	24.0	11.0	6.5	SW	13		6
Lossiemouth RAF *	57.72	-3.32	2.5	25.3	51.0	21.1	0.34	13	53.3	21.8	9.7	6.9	SW	13		6
Peterhead Harbour	57.50	-1.77	5.9	23.2	30.8	40.2	0.30	8		18	7.6	7.9	S	11		7
Edinburgh	55.95	-3.21	2.6	27.2	46.0	24.3	0.34	14	50.8	23.6	18.0	5.7	WSW	14		6
Manchester	53.21	-2.27	7.7	27.9	42.6	21.8	0.39	17	63.5	20.5	8.0	6.2	S	15		7
Leeds	53.48	-1.55	12.7	31.7	39.7	15.9	0.45	29		14.3	6.3	3.6	WNW	16		8
Birmingham	52.45	-1.73	7.8	30	36.1	26.1	0.38	19	55.9	21.8	26	5.7	vrbl	16		6
London	51.48	-0.45	15.2	27.1	32.9	24.9	0.43	24	45.7	18.3	9.7	5.2	N	17		8
Glasgow	55.87	-4.43	3.3	27.8	44	24.9	0.35	14		22.2	11.7	6	ENE	15		6

Key to table 1.16 appears on next page.

* indicates station is within annular zone

WEATHER STATISTICS FOR ANNULAR SOLAR ECLIPSE OF 2003 MAY 31

Key to Table 1.16

Percent Frequency of Clear, Scattered (2-4 tenths), Broken (5-9 tenths) and Overcast or Obscured Skies

These data are compiled from surface observations at the site. The time of the observation is usually 0300 UTC except for a few stations where observations at that time are missing. This is about one hour before the eclipse.

Probability

A rough calculation of the probability of seeing the eclipse based on the frequency of clear, scattered, broken or overcast cloud. It is essentially the sums of the frequency of the cloud category times a representative clear sky amount for the category.

% hours with cloud <0.3 and vis > 2

This the frequency of hours with less than 3 tenths cloud and visibilities of 3 miles or more. The time of observation is 0300 UTC except for a few cases as noted above.

Monthly pcpn

Average May precipitation in mm. Snow is melted and the water content measured.

% of observations with precipitation

The percent of observations at 0300 UTC in May in which precipitation is reported.

% of observations with fog

The percent of 0300 UTC observations with visibility less than 3 miles.

Mean wind

The average wind speed in May at 0300 UTC

Prevailing Direction

The most frequent wind direction. Where winds do not show a dominant direction, "vrbl" (variable) is shown. If calm winds are the most common condition and more than 20% of observations, "calm" is indicated.

Tmax

Mean daily high temperature (°C) for December.

Tmin

Mean daily minimum temperature (°C) for December.

2.00 TOTAL SOLAR ECLIPSE OF 2003 NOVEMBER 23

2.01 INTRODUCTION

On Sunday, 2003 November 23, a total eclipse of the Sun will be visible from a broad corridor that traverses portions of the Southern Hemisphere. The path of the Moon's umbral shadow begins in the Indian Ocean, crosses Antarctica, and ends at sunrise near the edge of the southern continent. A partial eclipse will be seen within the much broader path of the Moon's penumbral shadow, which includes Australia, New Zealand, Antarctica and southern South America (Figures 2.1 and 2.2).

The trajectory of the Moon's shadow takes it between the sunrise terminator and the South Pole. As viewed from the Sun's direction, the Moon's shadow passes around the "back" side of the pole between Earth's axis of rotation and the terminator. Consequently, the track of totality travels east to west rather the usual west to east direction. Furthermore, the 500 kilometer wide path both begins and ends at sunrise, just like the May 31 annular eclipse. The unusual characteristics of these two events is directly attributed to their grazing geometries in Earth's polar regions coupled with the close temporal proximity of the eclipses with summer solstice in each hemisphere.

2.02 PATH OF TOTALITY

The path of the Moon's umbral shadow begins at 22:19 UT in the southern Indian Ocean about 1100 kilometers southeast of Kerguelen Island (Figure 2.2). Curving south, the five hundred kilometer wide umbral path reaches the coast of Antarctica at 22:35 UT. The Shackleton Ice Shelf and Russia's Mirny research station lie in the path where the central duration is 1 minute 55 seconds and the Sun stands 13° above the frozen landscape. Quickly moving inland, the elongated shadow sweeps over the desolate interior of the continent at velocities exceeeding 1 kilometer per second (Figure 2.3). No other permanently staffed research stations are encountered for the next half hour.

The instant of greatest eclipse[1] occurs in Wilkes Land at 22:49:17 UT when the axis of the Moon's shadow passes closest to the center of Earth (gamma[2] = -0.964). At this point, the duration of totality reaches its maximum of 1 minute 55 seconds with a Sun altitude of 15°. The duration and altitude slowly drop as the umbra's path curves from southwest to northwest. The umbra reaches the Antarctic coast in Queen Maud Land, which harbors several more research stations (Novolazarevskaya, Maitri). From Maitri, the 1 minute 19 second total phase occurs with the Sun just 2° above the horizon at 23:17 UT.

Two minutes later, the path ends and the shadow leaves Earth's surface (23:19 UT) one hour after it began. Over the course of its sixty minute trajectory, the Moon's umbra sweeps over a track approximately 5,000 kilometers long and covering 0.51% of Earth's surface area.

The rest of Antarctica will see a partial eclipse as well as most of New Zealand, Australia, southern Argentina and Chile (Figure 2.2). Outside of Antarctica, southwestern Australia will witness the largest eclipse. For instance, citizens of Perth will be treated to an early morning partial eclipse of magnitude 0.612. In contrast, the Cape York Peninsula in northeastern Australia lies beyond the penumbra's path and will miss the eclipse entirely.

---

[1] The instant of greatest eclipse occurs when the distance between the Moon's shadow axis and Earth's geocenter reaches a minimum. Although greatest eclipse differs slightly from the instants of greatest magnitude and greatest duration (for total eclipses), the differences are usually quite small.

[2] Minimum distance of the Moon's shadow axis from Earth's center in units of equatorial Earth radii.

2.03 ORTHOGRAPHIC PROJECTION MAP OF THE ECLIPSE PATH

Figure 2.1 is an orthographic projection map of Earth [adapted from Espenak, 1987] showing the path of penumbral (partial) and umbral (total) eclipse. The daylight terminator is plotted for the instant of greatest eclipse with north at the top. The sub-Earth point is centered over the point of greatest eclipse and is indicated with an asterisk-like symbol. The sub-solar point (Sun in zenith) at that instant is also shown.

The limits of the Moon's penumbral shadow define the region of visibility of the partial eclipse. This saddle shaped region often covers more than half of Earth's daylight hemisphere and consists of several distinct zones or limits. At the northern boundary lies the limit of the penumbra's path. Great loops at the western and eastern extremes of the penumbra's path identify the areas where the eclipse begins/ends at sunrise and sunset, respectively. Bisecting the 'eclipse begins/ends at sunrise and sunset' loops is the curve of maximum eclipse at sunrise (western loop) and sunset (eastern loop). The exterior tangency points **P1** and **P4** mark the coordinates where the penumbral shadow first contacts (partial eclipse begins) and last contacts (partial eclipse ends) Earth's surface. The path of the umbral shadow bisects the penumbral path from west to east and is shaded dark gray.

A curve of maximum eclipse is the locus of all points where the eclipse is at maximum at a given time. They are plotted at each half hour Universal Time (UT), and generally run in a north-south direction. The outline of the umbral shadow is plotted every ten minutes in UT. Curves of constant eclipse magnitude[3] delineate the locus of all points where the magnitude at maximum eclipse is constant. These curves run exclusively between the curves of maximum eclipse at sunrise and sunset. Furthermore, they are quasi-parallel to the northern penumbral limit and the umbral path of total eclipse. The southern limit of the penumbra may be thought of as a curve of constant magnitude of 0%, while adjacent curves are for magnitudes of 20%, 40%, 60% and 80%. The northern and southern limits of the path of total eclipse are curves of constant magnitude of 100%.

At the top of Figure 2.1, the Universal Time of geocentric conjunction between the Moon and Sun is given followed by the instant of greatest eclipse. The eclipse magnitude is given for greatest eclipse. For central eclipses (both total and annular), it is equivalent to the geocentric ratio of diameters of the Moon and Sun. Gamma is the minimum distance of the Moon's shadow axis from Earth's center in units of equatorial Earth radii. The shadow axis passes south of Earth's geocenter for negative values of Gamma. Finally, the Saros series number of the eclipse is given along with its relative sequence in the series.

2.04 STEREOGRAPHIC MAP OF THE NOVEMBER 23 ECLIPSE PATH

The stereographic projection of Earth in Figure 2.2 depicts the path of penumbral and umbral eclipse in greater detail. The map is oriented with north up. International political borders are shown and circles of latitude and longitude are plotted at 20° increments. The region of penumbral or partial eclipse is identified by its northern limit, curves of eclipse begins or ends at sunrise and sunset, and curves of maximum eclipse at sunrise and sunset. Curves of constant eclipse magnitude are plotted for 20%, 40%, 60% and 80%, as are the limits of the path of total eclipse. Also included are curves of greatest eclipse at every half hour Universal Time.

Figures 2.1 and 2.2 may be used to quickly determine the approximate time and magnitude of maximum eclipse at any location within the eclipse path.

---

[3] Eclipse magnitude is defined as the fraction of the Sun's diameter occulted by the Moon. It is strictly a ratio of *diameters* and should not be confused with eclipse obscuration, which is a measure of the Sun's surface *area* occulted by the Moon. Eclipse magnitude may be expressed as either a percentage or a decimal fraction (e.g.: 50% or 0.50).

2.05 Detailed Map of the Path of Totality

The path of totality is plotted on a detailed map appearing in Figures 2.3. The map uses coastline data from the World Data Bank II (WDBII). The WDBII outline files are digitized from navigational charts to a working scale of approximately 1:3 million. Major scientific research stations are plotted to show their relative positions with respect to the path of totality. Only three of the several dozen stations actually lie within the track of total eclipse: Mirny, Novolazarevskaya, and Maitri. Local circumstances have been calculated for the research stations and can be found in Table 2.6.

Although no corrections have been made for center of figure or lunar limb profile, they have little or no effect at this scale. Atmospheric refraction[4] has not been included because it depends on the atmospheric temperature-pressure profile, which cannot be predicted in advance. These maps are also available on the web at *http://sunearth.gsfc.nasa.gov/eclipse/TSE2003/TSE2003.html*.

2.06 Elements, Shadow Contacts and Eclipse Path Tables

The geocentric ephemeris for the Sun and Moon, various parameters, constants, and the Besselian elements (polynomial form) are given in Table 2.1. The eclipse elements and predictions were derived from the DE200 and LE200 ephemerides (solar and lunar, respectively) developed jointly by the Jet Propulsion Laboratory and the U.S. Naval Observatory for use in the *Astronomical Almanac* for 1984 and thereafter. Unless otherwise stated, all predictions are based on center of mass positions for the Moon and Sun with no corrections made for center of figure, lunar limb profile or atmospheric refraction. The predictions depart from normal IAU convention through the use of a smaller constant for the mean lunar radius k for all umbral contacts (see: Lunar Limb Profile). Times are expressed in either Terrestrial Dynamical Time (TDT) or in Universal Time (UT), where the best value of ΔT[5] available at the time of preparation is used.

From the polynomial form of the Besselian elements, any element can be evaluated for any time t_1 (in decimal hours) via the equation:

$$\mathbf{a} = \mathbf{a}_0 + \mathbf{a}_1 * t + \mathbf{a}_2 * t^2 + \mathbf{a}_3 * t^3 \quad (\text{or } \mathbf{a} = \sum [\mathbf{a}_n * t^n]; n = 0 \text{ to } 3)$$

where: $\mathbf{a}$ = x, y, d, l_1, l_2, or μ
$t = t_1 - t_0$ (decimal hours) and t_0 = 23.00 TDT

The polynomial Besselian elements were derived from a least-squares fit to elements rigorously calculated at five separate times over a six hour period centered at t_0. Thus, the equation and elements are valid over the period $20.00 \leq t_1 \leq 02.00$ TDT (Nov 23 to Nov 24).

---

[4] The nominal value for atmospheric refraction at the horizon is 34 arc-minutes, but this value can vary by a factor or 2 depending on atmospheric conditions. For an eclipse in the horizon, the umbral path is shifted in the direction opposite from the Sun.

[5] ΔT is the difference between Terrestrial Dynamical Time and Universal Time.

Table 2.2 lists all external and internal contacts of penumbral and umbral shadows with Earth. They include TDT times and geodetic coordinates with and without corrections for ΔT. The contacts are defined:

    P1 — Instant of first external tangency of penumbral shadow cone with Earth's limb.
        (partial eclipse begins)
    P4 — Instant of last external tangency of penumbral shadow cone with Earth's limb.
        (partial eclipse ends)
    U1 — Instant of first external tangency of umbral shadow cone with Earth's limb.
        (umbral eclipse begins)
    U2 — Instant of first internal tangency of umbral shadow cone with Earth's limb.
    U3 — Instant of last internal tangency of umbral shadow cone with Earth's limb.
    U4 — Instant of last external tangency of umbral shadow cone with Earth's limb.
        (umbral eclipse ends)

Similarly, the northern and southern extremes of the penumbral and umbral paths, and extreme limits of the umbra's central line are given. The IAU (International Astronomical Union) longitude convention is used throughout this publication (i.e., for longitude, east is positive and west is negative; for latitude, north is positive and south is negative).

The path of the umbral shadow is delineated at two minute intervals in Universal Time in Table 2.3. Coordinates of the northern limit, the southern limit and the central line are listed to the nearest tenth of an arc-minute (~185 m at the Equator). The Sun's altitude, path width and umbral duration are calculated for the central line position. Table 2.4 presents a physical ephemeris for the umbral shadow at two minute intervals in UT. The central line coordinates are followed by the topocentric ratio of the apparent diameters of the Moon and Sun, the eclipse obscuration[6], and the Sun's altitude and azimuth at that instant. The central path width, the umbral shadow's major and minor axes and its instantaneous velocity with respect to Earth's surface are included. Finally, the central line duration of the umbral phase is given.

Local circumstances for each central line position listed in Tables 2.3 and 2.4 are presented in Table 2.5. The first three columns give the Universal Time of maximum eclipse, the central line duration of totality and the altitude of the Sun at that instant. The following columns list each of the four eclipse contact times followed by their related contact position angles and the corresponding altitude of the Sun. The four contacts identify significant stages in the progress of the eclipse. They are defined as follows:

    First Contact   —   Instant of first external tangency between the Moon and Sun.
                                    (partial eclipse begins)
    Second Contact   —   Instant of first internal tangency between the Moon and Sun.
                                      (central or umbral eclipse begins; total or annular eclipse begins)
    Third Contact   —   Instant of last internal tangency between the Moon and Sun.
                                      (central or umbral eclipse ends; total or annular eclipse ends)
    Fourth Contact   —   Instant of last external tangency between the Moon and Sun.
                                      (partial eclipse ends)

The position angles **P** and **V** identify the point along the Sun's disk where each contact occurs[7]. Second and third contact altitudes are omitted since they are always within 1° of the altitude at maximum eclipse.

---

[6] Eclipse obscuration is defined as the fraction of the Sun's surface area occulted by the Moon.

[7] P is defined as the contact angle measured counter-clockwise from the *north* point of the Sun's disk.
  V is defined as the contact angle measured counter-clockwise from the *zenith* point of the Sun's disk.

2.07 LOCAL CIRCUMSTANCES TABLES FOR NOVEMBER 23

Local circumstances for ~140 cities and locations in Antarctica, Australia, New Zealand and South America are presented in Tables 2.6 through 2.10. These tables give the local circumstances at each contact and at maximum eclipse[8] for every location. The coordinates are listed along with the location's elevation (meters) above sea-level, if known. The Universal Time of each contact is given to a tenth of a second, along with position angles **P** and **V** and the altitude of the Sun. The position angles identify the point along the Sun's disk where each contact occurs and are measured counter-clockwise (i.e., eastward) from the north and zenith points, respectively. Locations outside the umbral path miss the umbral eclipse and only witness first and fourth contacts. The Universal Time of maximum eclipse (either partial or total) is listed to a tenth of a second. Next, the position angles **P** and **V** of the Moon's disk with respect to the Sun are given, followed by the altitude and azimuth of the Sun at maximum eclipse. Finally, the corresponding eclipse magnitude and obscuration are listed. For total eclipses, the eclipse magnitude is identical to the topocentric ratio of the Moon's and Sun's apparent diameters.

Two additional columns are included if the location lies within the path of the Moon's umbral shadow. The **umbral depth** is a relative measure of a location's position with respect to the central line and path limits. It is a unitless parameter which is defined as:

$$\mathbf{u} = 1 - \mathrm{abs}(\mathbf{x}/\mathbf{R}) \qquad [2.1]$$

where: **u** = umbral depth
x = perpendicular distance from the shadow axis (kilometers)
R = radius of the umbral shadow as it intersects Earth's surface (kilometers)

The umbral depth for a location varies from 0.0 to 1.0. A position at the path limits corresponds to a value of 0.0 while a position on the central line has a value of 1.0. The parameter can be used to quickly determine the corresponding central line duration. Thus, it is a useful tool for evaluating the trade-off in duration of a location's position relative to the central line. Using the location's duration and umbral depth, the central line duration is calculated as:

$$\mathbf{D} = \mathbf{d} / (1 - (1 - \mathbf{u})^2)^{1/2} \text{ seconds} \qquad [2.2]$$

where: **D** = duration of totality on the central line (seconds)
d = duration of totality at location (seconds)
u = umbral depth

The final column gives the duration of totality. The effects of refraction have not been included in these calculations, nor have there been any corrections for center of figure or the lunar limb profile.

The geographic coordinates of cities are from *The New International Atlas* (Rand McNally, 1991). Coordinates in Antarctica are from *www.scar.org/Antarctic%20Info/wintering_stations_2000.htm*. The city names and spellings presented here are for location purposes only and are not meant to be authoritative. They do not imply recognition of status of any location by the United States Government.

---

[8] For partial eclipses, maximum eclipse is the instant when the greatest fraction of the Sun's diameter is occulted. For total eclipses, maximum eclipse is the instant of mid-totality.

2.08 Lunar Limb Profile for November 23

Eclipse contact times, magnitude and duration of totality all depend on the angular diameters and relative velocities of the Moon and Sun. These calculations are limited in accuracy by the departure of the Moon's limb from a perfectly circular figure. The Moon's surface exhibits a rather dramatic topography, which manifests itself as an irregular limb when seen in profile. Most eclipse calculations assume some mean radius that averages high mountain peaks and low valleys along the Moon's rugged limb. Such an approximation is acceptable for many applications, but if higher accuracy is needed, the Moon's actual limb profile must be considered. Fortunately, an extensive body of knowledge exists on this subject in the form of Watts' limb charts [Watts, 1963]. These data are the product of a photographic survey of the marginal zone of the Moon and give limb profile heights with respect to an adopted smooth reference surface (or datum). Analyses of lunar occultations of stars by Van Flandern [1970] and Morrison [1979] have shown that the average cross-section of Watts' datum is slightly elliptical rather than circular. Furthermore, the implicit center of the datum (i.e., the center of figure) is displaced from the Moon's center of mass. Additional work by Morrison and Appleby [1981] shows that the radius of the datum varies with libration producing systematic errors in Watts' original limb profile heights that attain 0.4 arc-seconds at some position angles. Thus, corrections to Watts' limb data are necessary to ensure that the reference datum is a sphere with its center at the center of mass.

The Watts charts have been digitized and may be used to generate limb profiles for any libration. Ellipticity and libration corrections can be applied to refer the profile to the Moon's center of mass. Such a profile can then be used to correct eclipse predictions which have been generated using a mean lunar limb.

The lunar limb profile in Figure 2.5 includes corrections for center of mass and ellipticity [Morrison and Appleby, 1981]. It is generated for the central line at 22:40 UT which is close to Russia's Mirny research base. The Moon's topocentric libration (physical + optical) is l=+0.21° b=+0.29°, and the topocentric semi-diameters of the Sun and Moon are 971.8 and 1008.4 arc-seconds, respectively. The Moon's angular velocity with respect to the Sun is 0.632 arc-seconds per second.

The radial scale of the limb profile (bottom of Figure 2.5) is greatly exaggerated so that the true limb's departure from the mean lunar limb is readily apparent. The mean limb with respect to the center of figure of Watts' original data is shown (dashed) along with the mean limb with respect to the center of mass (solid). Note that all the predictions presented in this publication are calculated with respect to the latter limb unless otherwise noted. Position angles of various lunar features can be read using the protractor marks along the Moon's mean limb (center of mass). The position angles of second and third contact are clearly marked along with the north pole of the Moon's axis of rotation and the observer's zenith at mid-totality. The dashed line with arrows at either end identifies the contact points on the limb corresponding to the northern and southern limits of the path. To the upper left of the profile are the Sun's topocentric coordinates at maximum eclipse. They include the right ascension *R.A.*, declination *Dec.*, semi-diameter *S.D.* and horizontal parallax *H.P.*. The corresponding topocentric coordinates for the Moon are to the upper right. Below and left of the profile are the geographic coordinates of the center line at 22:40 UT while the times of the four eclipse contacts at that location appear to the lower right. Directly below the profile are the local circumstances at maximum eclipse. They include the Sun's altitude and azimuth, the path width, and central duration. The position angle of the path's northern/southern limit axis is *PA(N.Limit)* and the angular velocity of the Moon with respect to the Sun is *A.Vel.(M:S)*. At the bottom left are a number of parameters used in the predictions, and the topocentric lunar librations appear at the lower right.

In investigations where accurate contact times are needed, the lunar limb profile can be used to correct the nominal or mean limb predictions. For any given position angle, there will be a high mountain (annular eclipses) or a low valley (total eclipses) in the vicinity that ultimately determines the true instant of contact. The difference, in time, between the Sun's position when tangent to the contact point on the mean limb and tangent to the highest mountain (annular) or lowest valley (total) at actual contact is the desired correction to the predicted contact time. On the exaggerated radial scale of Figure 2.4, the Sun's limb can be represented as an epicyclic curve that is tangent to the mean lunar limb at the point of contact. Using the digitized Watts' datum, an analytical solution is straightforward and robust. Curves of corrections to the times of second and third contact for most position angles have been computer generated and plotted. The circular protractor scale at the center represents the nominal contact time using a mean lunar limb. The departure of the contact correction curves from this scale graphically illustrates the time correction to the mean predictions for any position angle as a result of the Moon's true limb profile. Time corrections external to the circular scale are added to the mean contact time; time corrections internal to the protractor are subtracted from the mean contact time. The magnitude of the time correction at a given position angle is measured using any of the four radial scales plotted at each cardinal point.

For example, Table 2.6 gives the following data for the Antarctic base Mirny:

      Second Contact   = 22:37:37.0 UT $P2=117°$

      Third Contact   = 22:39:30.7 UT $P3=283°$

Using Figure 18, the measured time corrections and the resulting contact times are:

      C2=+0.5 seconds;   Second Contact   = 22:37:37.0 +0.5s   = 22:37:37.5 UT

      C3=-4.3 seconds;   Third Contact   = 22:39:30.7 -4.3s   = 22:39:26.4 UT

The above corrected values are within 0.1 seconds of a rigorous calculation using the true limb profile.

2.09 SKY DURING TOTALITY

The total phase of an eclipse is accompanied by the onset of a rapidly darkening sky whose appearance resembles evening twilight about half an hour after sunset. The effect presents an excellent opportunity to view planets and bright stars in the daytime sky. Aside from the sheer novelty of it, such observations are useful in gauging the apparent sky brightness and transparency during totality.

During the total solar eclipse of 2003, the Sun is in northern Scorpius near the border with Libra. From Antarctica, three naked eye planets and a number of bright stars will be above the horizon within the umbral path. Figure 2.5 depicts the appearance of the sky during totality as seen from the central line at 22:40 UT. This is close to Russia's Mirny research base, where the early morning eclipse occurs low in the southeastern sky.

The most conspicuous planet visible during totality will be Venus (m_v=-3.8) located 25° east of the Sun in Ophiuchus. Mercury (m_v=-0.4) lies between the Sun and Venus at a solar elongation of 16° east. Jupiter (m_v=-1.8) is over a magnitude brighter than Mercury but it will be located in Leo in the northeastern sky 75° away from the Sun. From the central line at 22:40 UT, Venus, Mercury and Jupiter will have altitudes above the horizon of 9.4°, 12.6° and 12.7°, respectively. For comparison, the Sun's altitude will be 14°. Saturn and Mars are both be below the horizon.

A number of the bright stars may also be visible it the twilight sky during the total eclipse. Antares (m_v=+1.06) is 10° southeast of the Sun. The great southern stars Alpha (m_v=+0.14) and Beta (m_v=+0.58) Centauri are high in the sky about 44° from the Sun. Canopus is near the zenith about 100° away and Achernar (m_v=+0.45) stands high in the southwest. Sirius (m_v=-1.44) and the bright stars of Orion lie in the northwest quadrant of the sky. It should be noted that star visibility requires a very dark and cloud free sky during totality.

The following ephemeris [using Bretagnon and Simon, 1986] gives the positions of the naked eye planets during the eclipse. *Delta* is the distance of the planet from Earth (A.U.'s), *App. Mag.* is the apparent visual magnitude of the planet, and *Solar Elong* gives the elongation or angle between the Sun and planet.

Ephemeris: 2003 Nov 23 23:00:00 UT					Equinox = Mean Date		
Planet	RA	Declination	Delta	App. Mag.	Apparent Diameter "	Phase	Solar Elong °
Sun	15h56m25s	-20°24'28"	0.98745	-26.7	1943.7	-	-
Moon	15h55m35s	-21°22'40"	0.00239	-	2009.3	0.00	1.0W
Mercury	17h04m34s	-25°03'35"	1.28941	-0.4	5.2	0.89	16.4E
Venus	17h43m08s	-24°32'35"	1.49229	-3.8	11.2	0.91	25.0E
Mars	23h16m20s	-05°57'46"	0.79238	-0.6	11.8	0.87	106.4E
Jupiter	11h11m23s	+06°20'50"	5.56825	-1.8	35.4	0.99	74.9W
Saturn	6h53m56s	+22°08'25"	8.26635	+0.1	20.1	1.00	138.8W

2.10 Introduction to Weather Prospects for November 23

This will probably be the first eclipse to be systematically observed from Antarctica - the coldest, windiest, highest and driest place on the Earth. The meteorology is simple because it is dominated by one factor: cold. Cold air forms in the center of the Antarctic Plateau, close to the south pole, and flows outward to the margins of the continent. The flow is primarily katabatic, driven by gravity as the heavy frigid air moves downhill toward the sea. Where the terrain funnels and confines this steady flow, wind speeds reach exceptional values, among the strongest ever recorded.

Weather stations are isolated and mostly confined to the shores. Inland, automatic stations measure a small selection of the possible variables: wind, temperature, pressure but not cloud cover, humidity, visibility or precipitation. It doesn't matter much - in the cold air absolute humidities are always low and precipitation is sparse. Data are often missing and frequently suspect. The length of the climatological record is short so that the statistics represent more "what is possible or typical" rather than give a serious account of the average conditions.

On the coast and at a very few inland locations, humans supplement the machine measurements, and the full suite of observations is available. For the eclipse observer, cloud cover is usually paramount, but in the extremes of the White Continent, temperature, wind and wind chill demand the attention of eclipse planners far more than in any other location in the world. While Mongolia and Siberia offered the possibility of extreme cold in the 1997 eclipse, Antarctica in 2003 virtually guarantees it.

The eclipse track is not forgiving, and there are only four venues from which it can be realistically observed. Two of these are at coastal locations, one near the Russian base at Mirny and the other near the western limit of the eclipse where a collection of German, Indian, Japanese and Russian bases congregate. The third site is "inland", at whatever point adventure and finances can take an eclipse expedition. The fourth possibility is aboard an icebreaker at sea or near the coast along the sunrise portion of the path.

2.11 Weather Patterns

Antarctic winds flow outward from a cold high pressure system overlying the continent, turning gradually toward the west as they approach the coast. Descending from the 3000 meter mid-continent plateau, the air is dried even farther, bringing bright sunny skies to the continental margins. In some regions the winds are exceptionally strong - over 100 km/h - as the local topography squeezes and redirects them. Blizzards and blowing snow are common in such circumstances.

As the cold outflow moves over the relatively warm waters surrounding the continent, the air is rapidly saturated with moisture. Clouds form quickly bringing snow showers to the coastal regions and offshore ice fields. The wind shear along the edges of the cold air outbreaks and the strong temperature contrast between air and water helps to create a continuous supply of small scale lows along the coast.

Farther offshore, the southeast winds flowing off of the continent gradually abate and the westerly global flow asserts itself. This change in wind direction creates a zone of intense low-pressure development. The lows that form tend to travel east and southward, gradually moving toward the Antarctic coast where they weaken and die. Some stronger lows can penetrate into the continent, but these are rare, though the lack of observation and measurement makes the exact frequency of such systems uncertain. Even though the low itself may be confined to coastal waters, the higher clouds from such systems can penetrate well inland.

Lows moving along the coast tend to bring onshore winds as they approach and offshore southerlies as they depart. The first pushes moist air against the land and brings extensive stratiform cloudiness and continuous precipitation - either rain or snow - while the latter reinforces the normal cold outflow with its sunny skies from the continent margins.

The interior of the continent offers a considerably more relaxed climatology, notwithstanding the low temperatures. Water vapor is in short supply and weather systems from the north have difficulty scaling the steep slopes of the coast. Unfortunately observations of cloud cover are almost non-existent in central Antarctica, and satellite observations are limited by the lack of contrast between the icy surface and the clouds and the long polar nights. The Russian base at Vostok is the only one in the vicinity of the eclipse track that can provide cloud data but their statistics are probably representative of the conditions over much of the mid-continent portion of the track.

Temperatures along the coast are relatively warm and have the potential to rise above zero, but those inland are much lower. The coldest temperatures are a result of the long Antarctic nights, low humidity, high albedo, low cloud cover and high altitude of the interior that allows the surface to radiate energy into space with little interruption. The warmest temperatures that are found in the interior -18° C at Vostok) are a result of advection from coastal regions. On the eclipse track the coldest temperatures tend to be found near the Australian automatic weather stations LGB20 and LGB35. Fortunately such temperatures come with much better prospects for clear skies. Since warm temperatures on the coast are associated with cloudy weather, falling temperatures will be preferred on eclipse day as these bring in the drier air from the interior.

Though winds inland are about half the strength of those on the coast, the lower temperatures in the interior dominate the calculation of wind chill to bring values which can reach into the minus sixties. Frostbite can occur in less than four minutes in such weather. While the actual temperatures are considerably warmer, observers will probably want to limit their outdoor exposure while waiting for the lunar shadow, or at least make sure they have some shelter from the wind.

2.12 COAST OF QUEEN MARY LAND — MIRNY

Mirny is the main Russian base in the Antarctic, situated on the coast of Queen Mary Land on a small peninsula that juts northward into the Davis Sea. Established in 1956, the station has the distinction of being best placed within the eclipse track, for the central line lies only a few tens of kilometers to the east. The station buildings, a collection of two-story rectangular blocks topped by various instrument domes, lies on four rocky outcrops about 20 meters above sea level. South of the station, the land rises to a height of 1500 meters within 100 km. A few small rocky islands lie offshore, but land-fast ice is observable much of the year. The 24-hour polar day begins on December 10 at Mirny, and so eclipse day will be one with long daylight and a short twilight.

Mirny's weather is governed by strong downslope winds and a high frequency of offshore low pressure systems. While the blizzard season is receding in November, winds at eclipse time average a brisk 41 km/h (Table 2.11) with the highest reported value in the past 15 years reaching over 110 km/h. Temperatures are modest by Antarctic standards, with an average of -7°C and a range from minus 20 to the freezing point at eclipse time. The high winds bring a significant wind chill to the station however, and eclipse observers will have to dress accordingly. By Canadian and north European winter standards, the average eclipse-day conditions at Mirny appear to be relatively tolerable though the wind speeds are higher than is typical of the Earth's northern hemisphere.

Cloud cover at Mirny averages 6.4 tenths, a large value when compared with opportunities at past eclipses but comparable to the other coastal stations on and near the track. The distribution of cloudiness is a typical U-shape (Figure 2.5), with a high frequencies of low and high cloudiness and smaller frequencies of intervening values. If we make the assumption that the probability of seeing the eclipse is proportional to the frequency of the various levels of cloud cover, then Mirny offers a 36% chance of a successful expedition. This is slightly optimistic as no account has been taken of the low 13° altitude of the Sun.

Low-pressure disturbances moving toward the station can bring heavy clouds and precipitation for several days in a row but November is approaching the driest months of the year and these are relatively uncommon. Eclipse observers will be looking for southerly katabatic winds blowing from the high plateau, for such winds bring dry cold air and clear skies. Such winds are more frequent in the evening and overnight, which favors the sunset portion of the eclipse track rather than the morning portion at Mirny. The wind speed is critical however, for even under clear skies, blizzard conditions can develop if winds are too strong - anything above 35 km/h brings poor visibility and blowing snow. Heavy snow is rare during the summer months from November to February. Fog and ice crystal haze are rare at any time.

2.13 Interior of Antarctica

While human observations are in limited supply, several automatic weather stations lie within the track of the eclipse and can provide temperature and wind information. These stations, LGB20, LGB35 and LGB59 (Table 2.11) show a considerably colder climate than the coastal regions. Though winds are frequently lighter on the interior plateau, wind chill values are colder because of the lower initial temperature. Observing from distant inland sites along the eclipse track will require special care for equipment and people.

The interior stations have a short period of record - from 4 to 10 years - and the climatology of the interior is only poorly revealed. For the three Australian automatic stations, average temperatures at eclipse time ranged from -28°C to -33°C. Extreme temperatures dropped as low as -41.5°C at LGB20. Wind chill values are 15 to 20 degrees colder on average, reaching below -60°C at LGB20. At LGB20 and LGB35, wind speeds are relatively low, about half of those at LGB59. The explanation likely lies in the configuration of the surrounding terrain. The prevailing wind direction at LGB59 is also at odds with most of the other interior stations, being northerly rather than the more typical southerly outflow.

For cloud cover statistics we are forced to rely on the data collected at Vostok, which lies considerably farther inland and at a higher altitude. Here we see a complete reversal of the cloud patterns of the coast, with clear skies being the most frequent report. The mean cloudiness of 3.4 tenths is nearly half that of Mirny, and the probability of seeing the eclipse rises to 66%. While inland sites on the track are probably not quite this favorable, the implications cannot be ignored - for this eclipse, inland areas are most likely to see the event by a considerable margin.

The impact of frontal cloudiness and weather systems is muted by distance from the oceans and the high altitude of the interior. Most of the clouds are at mid and high levels where, being composed entirely of ice crystals, they are frequently semi-transparent. This implies that the probability of seeing the eclipse is greater than the formal calculation (66%) would suggest.

The atmospheric transparency of inland Antarctica is legendary. The air is unpolluted except for occasional water vapor and ice crystals. Snowstorms are rare and tend to be at a minimum in the spring. During calm and clear weather, ice crystals are frequent, bringing a hazy sky and occasional ice fog. Both of these phenomena are more likely in winter than summer but their main effect on the eclipse will be to produce a halo around the sun. Drifting snow is common, occurring on nearly one third of the days at Vostok.

2.14 Coast of Queen Maud Land — Maitri, Neumayer, and Novolazarevskaja

The eclipse track comes to an end just beyond Antarctica's coast and the solar altitude is very low for observation sites in this area. The Russian base Novolazarevskaja and the near-by Indian base at Maitri are the two stations within the path, and von Neumayer (Germany) lies just to the west. Maitri and Novolazarevskaja, four kilometers apart, are situated on the rocky ground of the Schirmacher oasis, a group of low-lying hills interspersed with many glacial lakes. Neumayer lies on a flat ice shelf in Atka Bay, buried beneath the snow and ice. Those with an urge to see the station first hand can go to http://www.awi-bremerhaven.de /NM_WebCam/

for hourly photographs from their web cam. These stations are 80 to 100 kilometers from open water because of the presence of the ice shelf at the foot of the continent.

Temperature, wind chill and wind statistics for the sunset stations are similar to those at Mirny but cloud statistics are more variable. Neumayer is one of the grayest locations on the track with an average cloudiness of 7.6 tenths. Novolazarevskaja averages 5.7 tenths and Maitri only 3.9 tenths, a rather discordant amount given their proximity to the others. The reason for the much lower cloud cover at Maitri may be due to local conditions that favor downslope winds or to the short period of record that just happens to lie in a relatively sunny time. A comparison of hourly reports from Maitri with those at Novolazarevskaja shows a few large differences but a near-zero bias, so the second explanation would seem to be the most reasonable. The cloud climatology of the Russian base with its longer period of record seems to be more reliable for planning purposes.

With this in mind, cloudiness patterns along the eclipse sunset coast are similar to those at Mirny (Figure 2.5). Most of the cloud is at mid and high levels, a factor that does not augur well for such a low altitude eclipse. The formal probability of seeing the eclipse is calculated to be between 27 and 52 percent, with the 44% at Novolazarevskaja being the most representative figure. These must be regarded as too large in view of the very low angle toward the eclipse.

2.15 SELECTING A SITE

Antarctic eclipse adventurers are likely to have little choice in their selection of an observing site, as most travel will be to existing bases. Most sites offer some alternative locations relatively nearby: at Novolazarevskaja the airport is 15 km inland from the base, and most other sites have inland and upland scientific bases. Where movement is possible, it is best to look for a spot where the southeast katabatic winds are most favored, in the northwest lee of a plateau for instance.

In interior regions, site selection will be more versatile, as almost all access will be by plane. Flat vistas where the winds are lightest should be easy to locate - a high spot might even be best, as winds will tend to flow downhill and away. Satellite imagery (most big bases have it) can be used to predict cloud motion and help select a site with a high prospect of clear skies.

The interior offers the best chances and the biggest challenges. Prospects for clear skies are twice those of the coast, depending on the distance and altitude at the site. Coastal regions offer more comfort and easier access, but at the expense of a high cloud frequency. Mirny seems to be the best lowland site, in large part because of the higher Sun. Observers there should attempt to move as far inland as possible to take advantage of the better weather away from the coast.

2.16 - WEATHER WEB SITES FOR NOVEMBER 23 TOTAL ECLIPSE

World —
1. http://www.tvweather.com - Links to current and past weather and climate around the world
2. http://www.worldclimate.com/climate/index.htm - World data base of temperature and rainfall
3. http://www.accuweather.com - Forecasts for many cities worldwide
4. http://www.worldweather.org/ A site operated by the World Meteorological Organization with links to the climate and meteorological data worldwide. This site is still being developed and in many instances only climate information is available.
5. http://www.fnoc.navy.mil/PUBLIC/WXMAP/index.html - U.S. Navy weather center (Fleet Numerical Meteorology and Oceanographic Center - FNMOC). This site provides several (3) model outputs for many areas of the globe. While complex to use (meteorological expertise is a real bonus), it contains a wealth of model data. Look for relative humidity forecasts for 700 hPa (hectoPascals) - this is a mid-level of the atmosphere and the relative humidity forecasts provide an indication of the forecast cloud cover from larger weather systems. Use the 70% contour as the outline of cloud areas. Areas with 90% or greater will likely have precipitation. Model forecasts for six days in advance for many parts of the world are available.

Antarctica —
1. http://weather.uwyo.edu/ - An impressive site at the University of Wyoming that allows you to build your own numerical model output. Choose "Forecasts from Numerical Models" and then "Aviation Model" to be given a choice of a model output over Antarctica. For coastal Antarctica, choose 700 mb relative humidity. For the interior of Antarctica choose 500 mb relative humidity. Values above 70% at 700 mb frequently indicate deep cloudiness but values over 80% are likely required for cloud over the cold dome of Antarctica.
2. http://www.people.fas.harvard.edu/~dbaron/sat/comp/ - Latest composite (assembled from several satellite passes over several hours) over Antarctica. Choose "Antarctica Composite Images" and select from available links. Because of the low latitude of the continent, there are frequently holes in the coverage, but eclipse areas are usually well shown. A Japanese mirror site provides animated views but the speed of animation is very quick and requires careful orientation and study.
3. http://uwamrc.ssec.wisc.edu/amrchome.html - The Antarctic Meteorology Research Centre. This site provides links to polar orbiting satellite imagery and current weather observations.

Total Solar Eclipse of 2003 Nov 23

Figure 2.1 - Orthographic Projection Map of The Eclipse Path

Geocentric Conjunction = 23:20:14.6 UT   J.D. = 2452967.472391
Greatest Eclipse = 22:49:16.7 UT   J.D. = 2452967.450887

Eclipse Magnitude = 1.03788   Gamma = -0.96381

Saros Series = 152   Member = 12 of 70

Sun at Greatest Eclipse
(Geocentric Coordinates)
R.A. = 15h56m23.2s
Dec. = -20°24'22.9"
S.D. = 00°16'11.8"
H.P. = 00°00'08.9"

Moon at Greatest Eclipse
(Geocentric Coordinates)
R.A. = 15h55m07.5s
Dec. = -21°20'45.7"
S.D. = 00°16'44.8"
H.P. = 01°01'27.3"

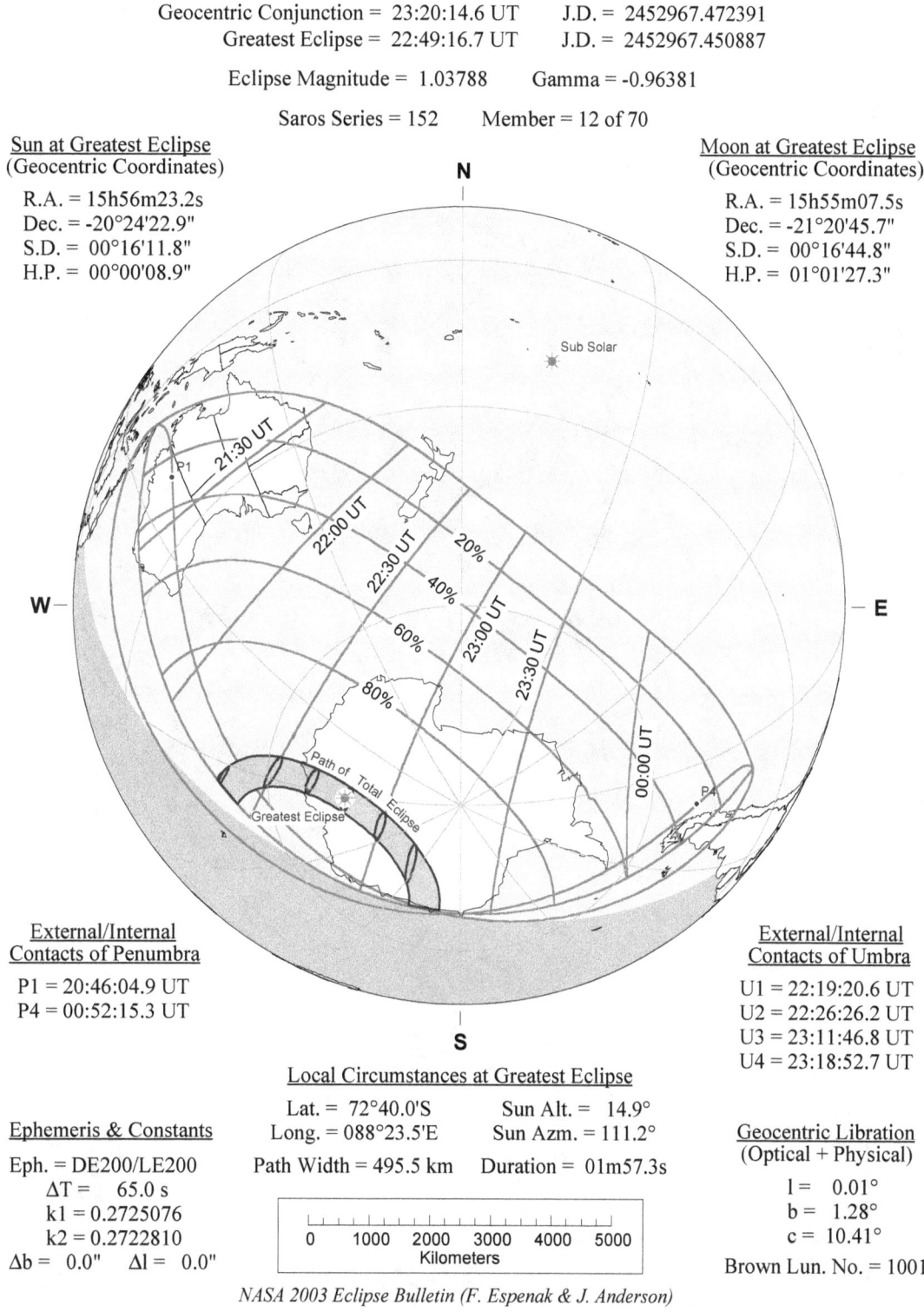

External/Internal Contacts of Penumbra
P1 = 20:46:04.9 UT
P4 = 00:52:15.3 UT

External/Internal Contacts of Umbra
U1 = 22:19:20.6 UT
U2 = 22:26:26.2 UT
U3 = 23:11:46.8 UT
U4 = 23:18:52.7 UT

Ephemeris & Constants
Eph. = DE200/LE200
ΔT = 65.0 s
k1 = 0.2725076
k2 = 0.2722810
Δb = 0.0" Δl = 0.0"

Local Circumstances at Greatest Eclipse
Lat. = 72°40.0'S   Sun Alt. = 14.9°
Long. = 088°23.5'E   Sun Azm. = 111.2°
Path Width = 495.5 km   Duration = 01m57.3s

Geocentric Libration
(Optical + Physical)
l = 0.01°
b = 1.28°
c = 10.41°

Brown Lun. No. = 1001

NASA 2003 Eclipse Bulletin (F. Espenak & J. Anderson)
sunearth.gsfc.nasa.gov/eclipse/eclipse.html

Total Solar Eclipse of 2003 November 23

Figure 2.2 - Stereographic Projection Map of The Eclipse Path

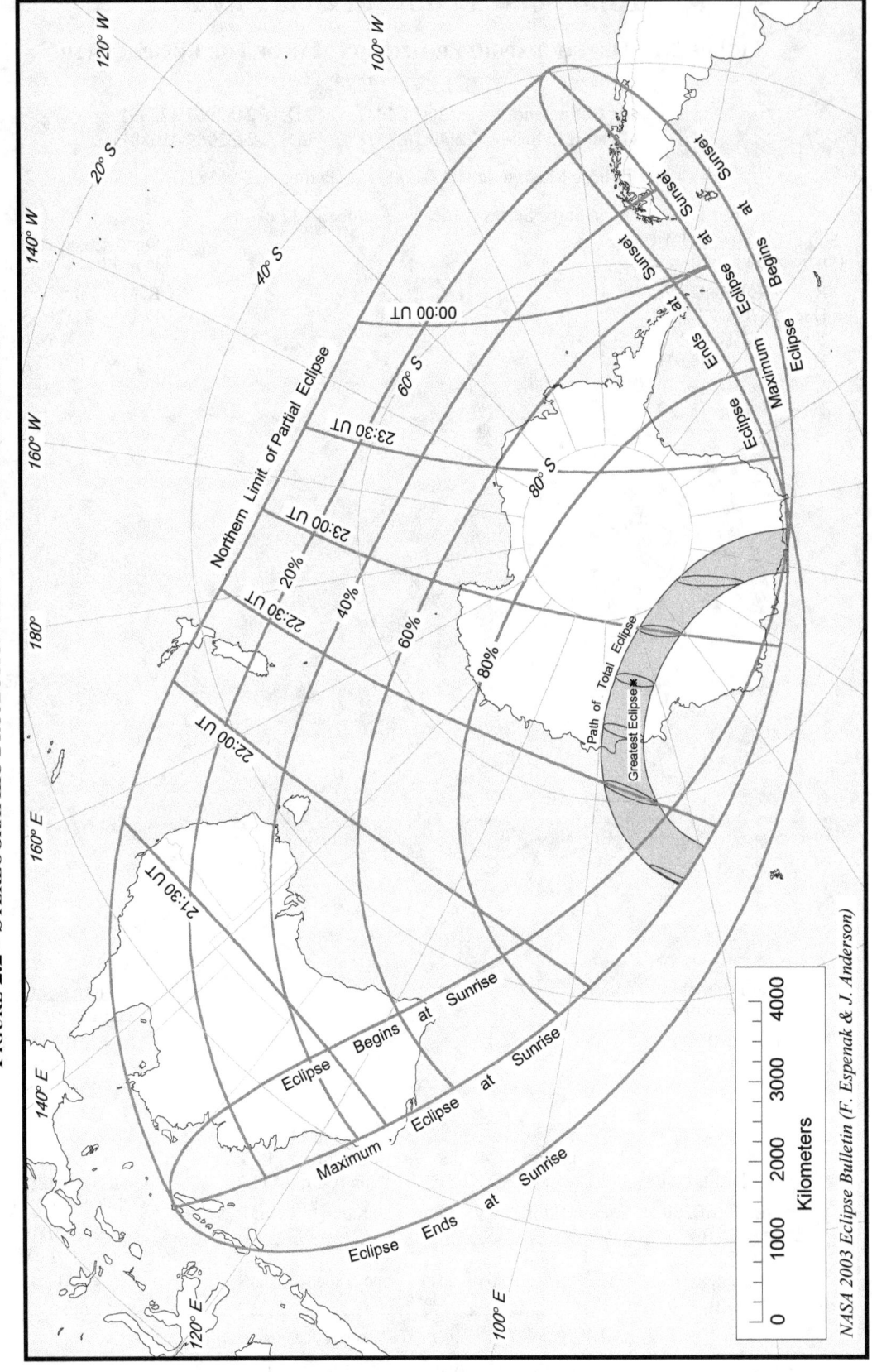

Total Solar Eclipse of 2003 November 23
Figure 2.3 – The Eclipse Path Through Antarctica

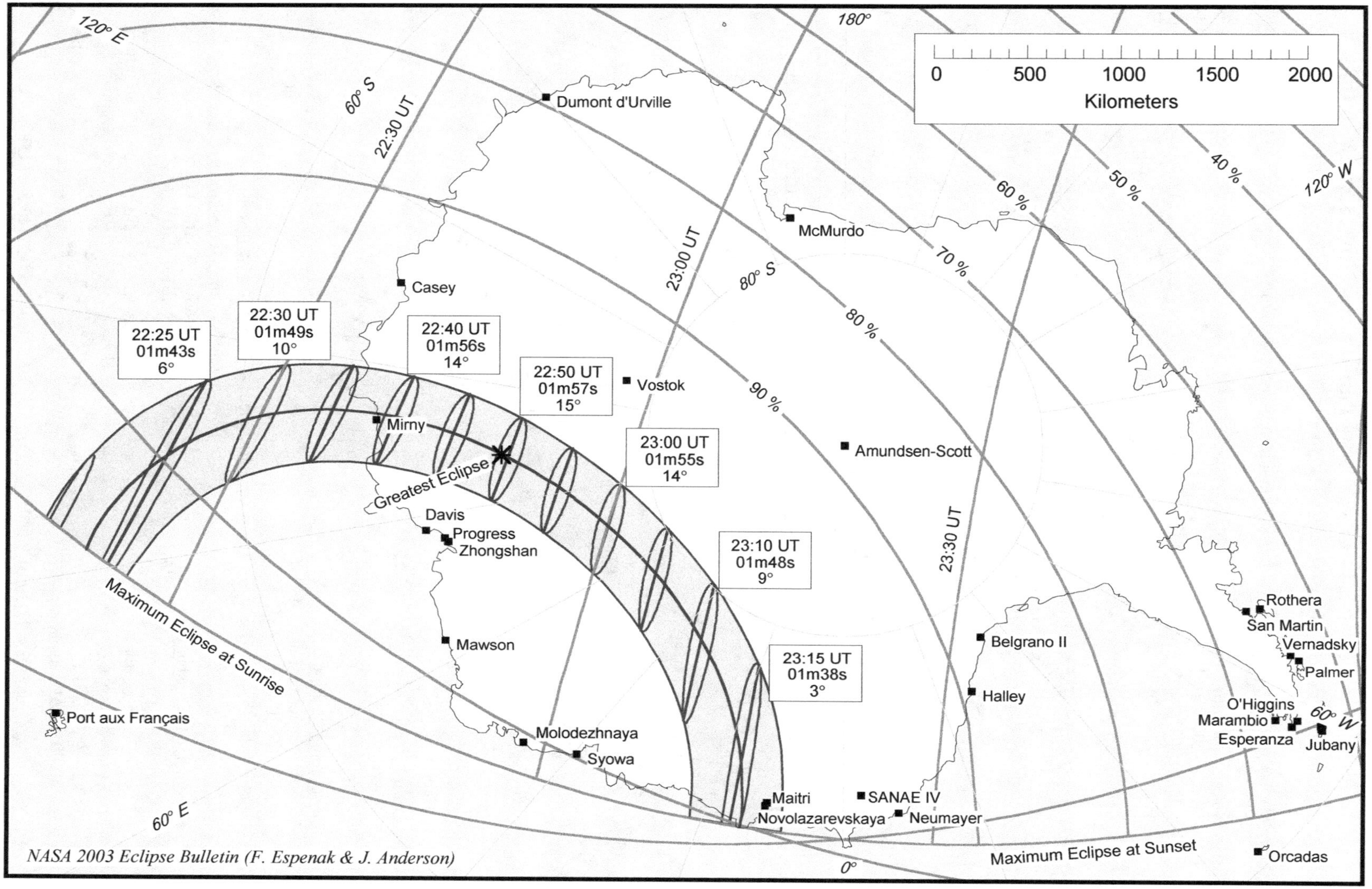

NASA 2003 Eclipse Bulletin (F. Espenak & J. Anderson)

Annular and Total Solar Eclipses of 2003

Total Solar Eclipse of 2003 November 23
Figure 2.4 - Lunar Limb Profile for Nov 23 at 22:40 UT

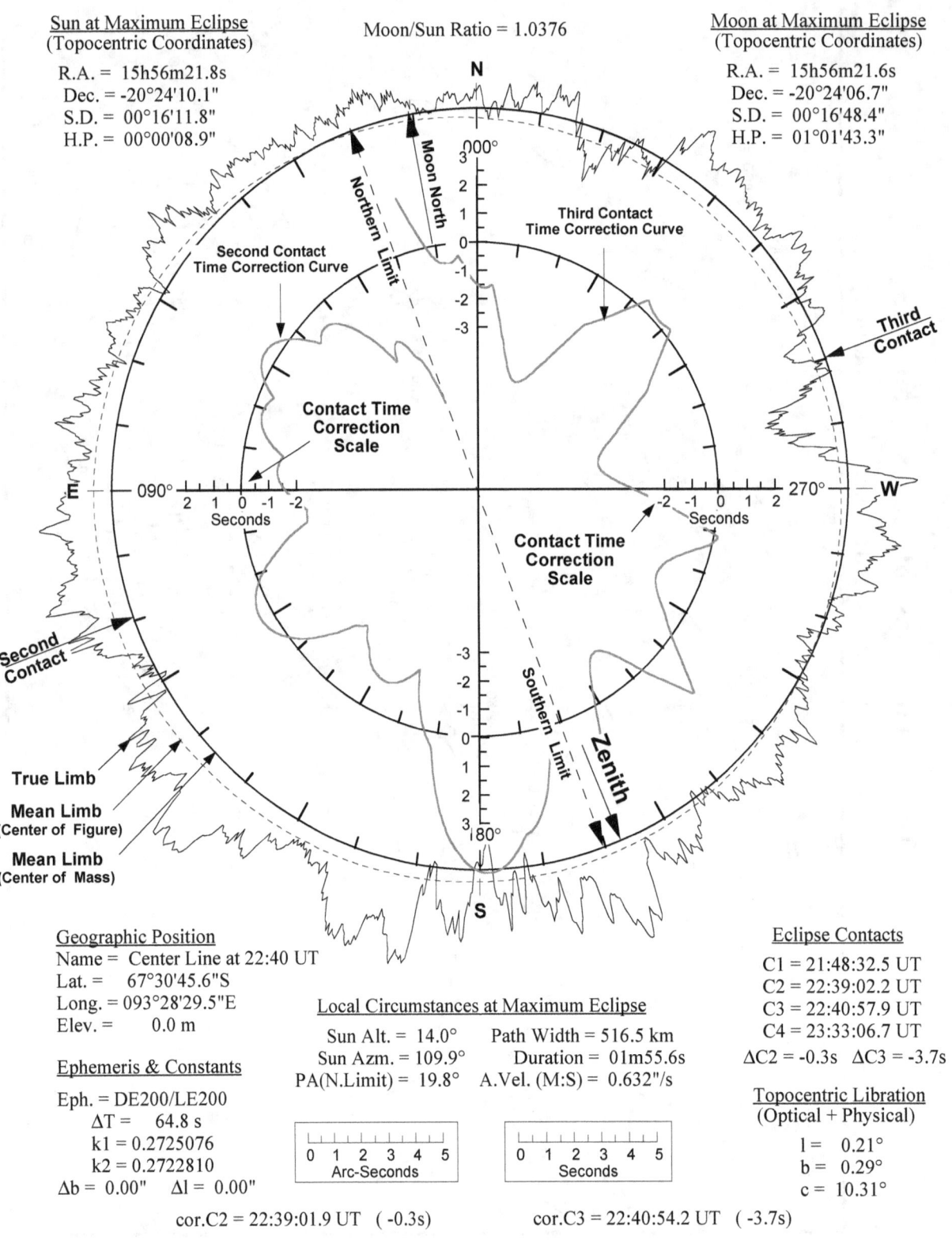

NASA 2003 Eclipse Bulletin (F. Espenak & J. Anderson)

Total Solar Eclipse of 2003 November 23

FIGURE 2.5 - SKY DURING TOTALITY AS SEEN FROM CENTRAL LINE AT 22:40 UT

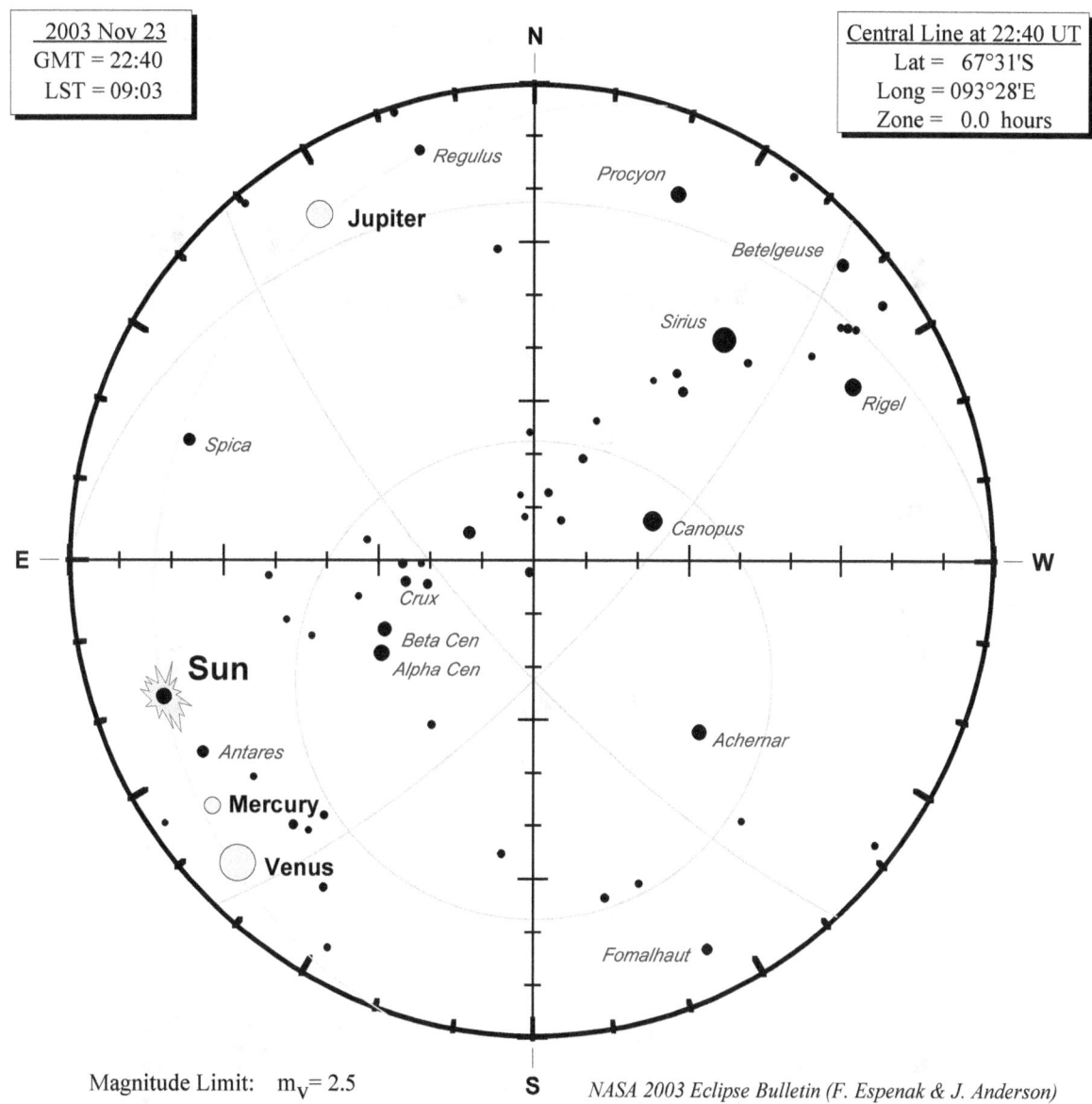

The sky during totality as seen from the central line in Antarctica at 22:40 UT. The most conspicuous planets visible during the total eclipse will be Venus (m_v=–3.8), Mercury (m_v=–0.4) and Jupiter (m_v=–1.8) located 25° east, 16° east and 75° west of the Sun, respectively. Bright stars which might be visible include Antares (m_v=+1.06), Alpha (m_v=+0.14) and Beta (m_v=+0.58) Centauri, Canopus (m_v=–0.62), Achernar (m_v=+0.45) and Sirius (m_v=–1.44).

http://sunearth.gsfc.nasa.gov/eclipse/TSE2003/TSE2003html

Figure 2.6 - Cloud Statistics for Three Stations for the Total Solar Eclipse of 2003 Nov 23

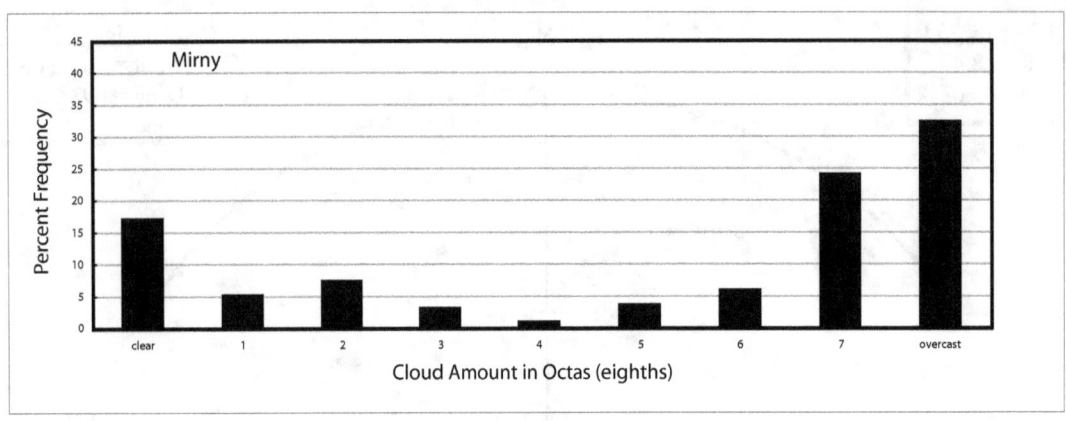

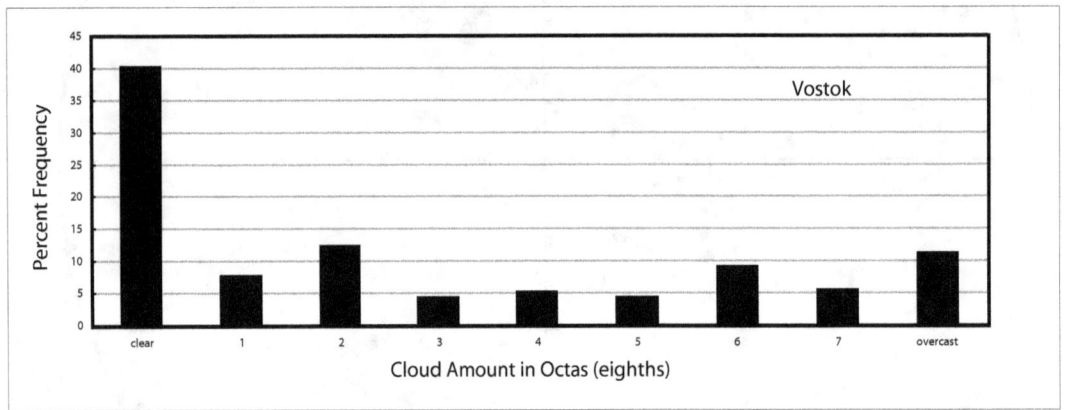

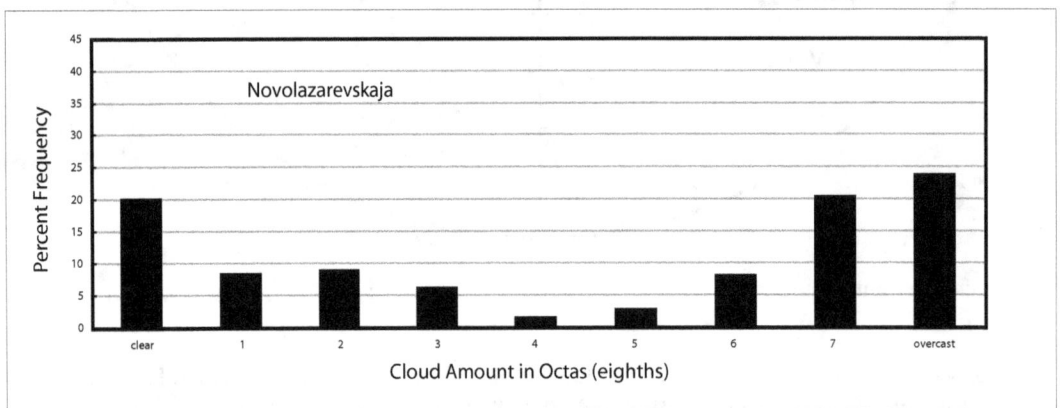

These graphs show the frequency of various cloud amounts at selected stations within or near the eclipse path. At Mirny and Novolazarevskaja the distribution has a "U" shape, with higher values at low and high cloudiness. This is typical of most cloud distributions around the globe. At Vostok the distribution is more one-sided, with clear skies having the highest frequency. The sites chosen reflect the coastal and inland cloud climatologies along the track. Data are taken from the archives of the British Antarctic Society.

TABLE 2.1

ELEMENTS OF THE TOTAL SOLAR ECLIPSE OF 2003 NOVEMBER 23

```
Geocentric Conjunction      23:21:19.59 TDT     J.D. = 2452967.473143
 of Sun & Moon in R.A.:     (=23:20:14.79 UT)

     Instant of             22:50:21.65 TDT     J.D. = 2452967.451639
  Greatest Eclipse:         (=22:49:16.85 UT)
```

Geocentric Coordinates of Sun & Moon at Greatest Eclipse (DE200/LE200):

Sun:	R.A. = 15h56m23.195s		Moon:	R.A. = 15h55m07.521s	
	Dec. = -20°24'22.85"			Dec. = -21°20'45.70"	
Semi-Diameter =	16'11.82"		Semi-Diameter =	16'44.76"	
Eq.Hor.Par. =	08.91"		Eq.Hor.Par. =	1°01'27.25"	
Δ R.A. =	10.562s/h		Δ R.A. =	157.138s/h	
Δ Dec. =	-30.99"/h		Δ Dec. =	-673.37"/h	

Lunar Radius	k_1 = 0.2725076 (Penumbra)		Shift in	Δb = 0.00"
Constants:	k_2 = 0.2722810 (Umbra)		Lunar Position:	Δl = 0.00"

Geocentric Libration:	l = 0.0°	Brown Lun. No. =	1001
(Optical + Physical)	b = 1.3°	Saros Series =	152 (12/70)
	c = 10.3°	Ephemeris =	(DE200/LE200)

Eclipse Magnitude = 1.03788   Gamma = -0.96381 ΔT = 64.8 s

Polynomial Besselian Elements for: 2003 Nov 23   23:00:00.0 TDT   (=t_0)

n	x	y	d	l_1	l_2	μ
0	-0.1979529	-0.9479029	-20.4053841	0.5373482	-0.0087654	168.398682
1	0.5568983	-0.1739249	-0.0081768	-0.0000032	-0.0000032	14.998531
2	0.0000570	0.0001989	0.0000050	-0.0000131	-0.0000130	-0.000003
3	-0.0000094	0.0000031	0.0000000	0.0000000	0.0000000	0.000000

Tan f_1 = 0.0047348   Tan f_2 = 0.0047112

At time 't_1' (decimal hours), each Besselian element is evaluated by:

$$a = a_0 + a_1 \ast t + a_2 \ast t^2 + a_3 \ast t^3 \quad (\text{or } a = \Sigma [a_n \ast t^n]; \; n = 0 \text{ to } 3)$$

where: a = x, y, d, l_1, l_2, or μ
           t = $t_1 - t_0$ (decimal hours) and t_0 = 23.000 TDT

The Besselian elements were derived from a least-squares fit to elements calculated at five uniformly spaced times over a six hour period centered at t_0. Thus the elements are valid over the period 20.00 ≤ t_1 ≤ 02.00 TDT (Nov 23 to Nov 24).

Note that all times are expressed in Terrestrial Dynamical Time (TDT).

   Saros Series 152: Member 12 of 70 eclipses in series.

TABLE 2.2

SHADOW CONTACTS AND CIRCUMSTANCES
TOTAL SOLAR ECLIPSE OF 2003 NOVEMBER 23

$\Delta T = 64.8$ s
$= 000°16'14.7"$

		Terrestrial Dynamical Time h m s	Latitude	Ephemeris Longitude†	True Longitude*
External/Internal Contacts of Penumbra:	P1	20:47:09.9	20°08.9'S	126°58.2'E	127°14.4'E
	P4	00:53:20.3	51°16.4'S	079°04.0'W	078°47.8'W
Extreme North/South Limits of Penumbral Path:	N1	21:10:09.3	07°41.8'S	126°10.8'E	126°27.1'E
	S1	00:30:23.4	39°47.4'S	082°55.9'W	082°39.7'W
External/Internal Contacts of Umbra:	U1	22:20:25.6	50°59.5'S	084°09.8'E	084°26.0'E
	U2	22:27:31.2	54°07.1'S	078°46.9'E	079°03.1'E
	U3	23:12:51.8	69°07.0'S	021°11.7'E	021°27.9'E
	U4	23:19:57.7	69°34.8'S	008°40.1'E	008°56.4'E
Extreme North/South Limits of Umbral Path:	N1	22:20:31.6	50°55.9'S	084°12.2'E	084°28.4'E
	S1	22:27:26.8	54°09.8'S	078°44.5'E	079°00.8'E
	N2	23:19:51.7	69°34.9'S	008°29.3'E	008°45.5'E
	S2	23:12:56.3	69°06.3'S	021°19.6'E	021°35.8'E
Extreme Limits of Central Line:	C1	22:23:45.0	52°27.4'S	081°43.3'E	081°59.5'E
	C2	23:16:38.1	69°26.9'S	014°32.8'E	014°49.1'E
Instant of Greatest Eclipse:	G0	22:50:21.7	72°40.0'S	088°07.2'E	088°23.4'E

Circumstances at
Greatest Eclipse: Sun's Altitude = 14.9°   Path Width = 495.5 km
                  Sun's Azimuth = 111.2°   Central Duration = 01m57.3s

---

† Ephemeris Longitude is the terrestrial dynamical longitude assuming a uniformly rotating Earth.
* True Longitude is calculated by correcting the Ephemeris Longitude for the non-uniform rotation of Earth.
   (T.L. = E.L. + 1.002738*ΔT/240, where ΔT(in seconds) = TDT - UT)

Note: Longitude is measured positive to the East.

Since ΔT is not known in advance, the value used in the predictions is an extrapolation based on pre-2003 measurements. Nevertheless, the actual value is expected to fall within ±0.5 seconds of the estimated ΔT used here.

TABLE 2.3

PATH OF THE UMBRAL SHADOW
TOTAL SOLAR ECLIPSE OF 2003 NOVEMBER 23

Universal Time	Northern Limit Latitude	Northern Limit Longitude	Southern Limit Latitude	Southern Limit Longitude	Central Line Latitude	Central Line Longitude	Sun Alt °	Path Width km	Central Durat.
Limits	50°55.9'S	084°28.4'E	54°09.8'S	079°00.8'E	52°27.4'S	081°59.5'E	0	497	01m33.8s
22:24	57°29.2'S	094°55.6'E	-	-	55°32.6'S	087°36.8'E	5	534	01m40.7s
22:26	59°06.0'S	096°23.1'E	-	-	57°43.2'S	090°14.1'E	7	544	01m44.6s
22:28	60°34.4'S	097°26.9'E	57°24.6'S	084°15.8'E	59°27.7'S	091°46.4'E	9	545	01m47.4s
22:30	61°57.3'S	098°13.7'E	59°27.2'S	086°14.5'E	61°00.4'S	092°46.8'E	10	543	01m49.5s
22:32	63°16.3'S	098°46.9'E	61°07.9'S	087°18.0'E	62°26.1'S	093°25.7'E	11	539	01m51.2s
22:34	64°32.4'S	099°08.2'E	62°37.9'S	087°51.1'E	63°47.0'S	093°47.8'E	12	533	01m52.7s
22:36	65°46.3'S	099°18.4'E	64°01.1'S	088°02.0'E	65°04.2'S	093°55.2'E	13	528	01m53.9s
22:38	66°58.3'S	099°17.8'E	65°19.5'S	087°54.1'E	66°18.7'S	093°48.7'E	13	522	01m54.8s
22:40	68°08.8'S	099°06.2'E	66°34.1'S	087°28.7'E	67°30.8'S	093°28.5'E	14	516	01m55.6s
22:42	69°18.1'S	098°42.8'E	67°45.4'S	086°45.8'E	68°40.8'S	092°54.0'E	14	511	01m56.3s
22:44	70°26.1'S	098°06.5'E	68°53.8'S	085°44.7'E	69°49.0'S	092°04.0'E	15	506	01m56.7s
22:46	71°33.0'S	097°15.6'E	69°59.3'S	084°24.0'E	70°55.4'S	090°57.0'E	15	502	01m57.1s
22:48	72°38.7'S	096°08.0'E	71°01.9'S	082°41.6'E	71°59.8'S	089°30.4'E	15	498	01m57.2s
22:50	73°43.2'S	094°40.6'E	72°01.2'S	080°34.6'E	73°02.2'S	087°41.4'E	15	494	01m57.2s
22:52	74°46.2'S	092°49.6'E	72°56.7'S	077°59.9'E	74°02.0'S	085°26.1'E	15	491	01m57.1s
22:54	75°47.3'S	090°30.1'E	73°47.7'S	074°53.7'E	74°58.8'S	082°39.9'E	15	489	01m56.8s
22:56	76°46.0'S	087°35.7'E	74°33.0'S	071°12.2'E	75°51.6'S	079°17.4'E	14	487	01m56.4s
22:58	77°41.3'S	083°58.7'E	75°11.2'S	066°51.8'E	76°39.4'S	075°12.7'E	14	486	01m55.8s
23:00	78°32.0'S	079°30.0'E	75°40.2'S	061°50.4'E	77°20.4'S	070°20.2'E	14	485	01m55.0s
23:02	79°16.3'S	074°00.5'E	75°57.4'S	056°08.4'E	77°52.6'S	064°36.2'E	13	485	01m54.1s
23:04	79°51.6'S	067°22.9'E	75°59.4'S	049°50.3'E	78°13.2'S	058°00.8'E	12	486	01m52.9s
23:06	80°14.8'S	059°36.4'E	75°41.5'S	043°05.3'E	78°18.6'S	050°41.2'E	11	487	01m51.5s
23:08	80°21.9'S	050°52.3'E	74°56.2'S	036°06.3'E	78°05.0'S	042°53.0'E	10	489	01m49.8s
23:10	80°09.0'S	041°37.0'E	73°26.4'S	029°04.7'E	77°27.2'S	034°58.7'E	9	493	01m47.7s
23:12	79°31.7'S	032°28.1'E	-	-	76°17.2'S	027°22.6'E	7	497	01m45.0s
23:14	78°25.3'S	024°02.4'E	-	-	74°13.6'S	020°22.7'E	5	502	01m41.3s
Limits	69°34.9'S	008°45.5'E	69°06.3'S	021°35.8'E	69°26.9'S	014°49.1'E	0	504	01m33.8s

TABLE 2.4

PHYSICAL EPHEMERIS OF THE UMBRAL SHADOW
TOTAL SOLAR ECLIPSE OF 2003 NOVEMBER 23

Universal Time	Central Line Latitude	Central Line Longitude	Diameter Ratio	Eclipse Obscur.	Sun Alt °	Sun Azm °	Path Width km	Major Axis km	Minor Axis km	Umbra Veloc. km/s	Central Durat.
22:22.7	52°27.4'S	081°59.5'E	1.0331	1.0674	0.0	124.9	497.4	-	111.7	-	01m33.8s
22:24	55°32.6'S	087°36.8'E	1.0346	1.0704	4.6	120.0	533.8	-	116.6	3.218	01m40.7s
22:26	57°43.2'S	090°14.1'E	1.0354	1.0721	7.2	117.3	544.0	969.9	119.2	2.032	01m44.6s
22:28	59°27.7'S	091°46.4'E	1.0360	1.0733	8.9	115.4	545.4	792.0	121.0	1.637	01m47.4s
22:30	61°00.4'S	092°46.8'E	1.0364	1.0742	10.2	113.9	542.9	696.8	122.4	1.435	01m49.5s
22:32	62°26.1'S	093°25.7'E	1.0368	1.0749	11.3	112.7	538.6	636.7	123.5	1.312	01m51.2s
22:34	63°47.0'S	093°47.8'E	1.0370	1.0754	12.1	111.7	533.4	595.4	124.4	1.232	01m52.7s
22:36	65°04.2'S	093°55.2'E	1.0373	1.0759	12.9	110.9	527.7	565.7	125.1	1.178	01m53.9s
22:38	66°18.7'S	093°48.7'E	1.0374	1.0763	13.5	110.3	522.0	543.8	125.7	1.140	01m54.8s
22:40	67°30.8'S	093°28.5'E	1.0376	1.0766	13.9	109.9	516.5	527.5	126.2	1.115	01m55.6s
22:42	68°40.8'S	092°54.0'E	1.0377	1.0768	14.3	109.7	511.2	515.6	126.6	1.098	01m56.3s
22:44	69°49.0'S	092°04.0'E	1.0378	1.0770	14.6	109.7	506.3	507.2	126.8	1.088	01m56.7s
22:46	70°55.4'S	090°57.0'E	1.0378	1.0771	14.7	110.0	501.8	501.8	127.0	1.085	01m57.1s
22:48	71°59.8'S	089°30.4'E	1.0379	1.0772	14.8	110.6	497.8	499.1	127.1	1.087	01m57.2s
22:50	73°02.2'S	087°41.4'E	1.0379	1.0772	14.8	111.5	494.3	499.0	127.1	1.095	01m57.2s
22:52	74°02.0'S	085°26.1'E	1.0379	1.0771	14.8	112.9	491.3	501.4	127.0	1.107	01m57.1s
22:54	74°58.8'S	082°39.9'E	1.0378	1.0770	14.6	114.8	488.8	506.5	126.9	1.125	01m56.8s
22:56	75°51.6'S	079°17.4'E	1.0377	1.0769	14.3	117.3	486.9	514.6	126.6	1.150	01m56.4s
22:58	76°39.4'S	075°12.7'E	1.0376	1.0766	14.0	120.5	485.6	526.2	126.2	1.181	01m55.8s
23:00	77°20.4'S	070°20.2'E	1.0375	1.0763	13.5	124.5	484.9	542.0	125.8	1.222	01m55.0s
23:02	77°52.6'S	064°36.2'E	1.0373	1.0759	12.9	129.4	484.9	563.2	125.2	1.274	01m54.1s
23:04	78°13.2'S	058°00.8'E	1.0371	1.0755	12.2	135.1	485.6	592.0	124.5	1.344	01m52.9s
23:06	78°18.6'S	050°41.2'E	1.0368	1.0749	11.4	141.5	487.1	631.8	123.6	1.438	01m51.5s
23:08	78°05.0'S	042°53.0'E	1.0365	1.0742	10.3	148.5	489.4	689.5	122.5	1.572	01m49.8s
23:10	77°27.2'S	034°58.7'E	1.0360	1.0734	9.0	155.5	492.7	779.7	121.2	1.780	01m47.7s
23:12	76°17.2'S	027°22.6'E	1.0355	1.0723	7.4	162.3	497.1	944.1	119.4	2.160	01m45.0s
23:14	74°13.6'S	020°22.7'E	1.0347	1.0707	5.0	168.5	502.5	-	116.9	3.175	01m41.3s
23:15.6	69°26.9'S	014°49.1'E	1.0331	1.0674	0.0	173.3	504.5	-	111.7	-	01m33.8s

TABLE 2.5

LOCAL CIRCUMSTANCES ON THE CENTRAL LINE
TOTAL SOLAR ECLIPSE OF 2003 NOVEMBER 23

Central Line Maximum Eclipse			First Contact				Second Contact			Third Contact			Fourth Contact			
U.T.	Durat.	Alt °	U.T.	P °	V °	Alt °	U.T.	P °	V °	U.T.	P °	V °	U.T.	P °	V °	Alt °
22:24	01m40.7s	5	–	–	–	–	22:23:10	110	258	22:24:50	290	78	23:14:19	110	256	11
22:26	01m44.6s	7	21:36:50	289	82	2	22:25:08	110	259	22:26:52	290	79	23:17:06	111	257	14
22:28	01m47.4s	9	21:38:18	290	83	4	22:27:06	110	261	22:28:54	290	81	23:19:38	111	259	15
22:30	01m49.5s	10	21:39:52	290	84	5	22:29:05	110	262	22:30:55	290	82	23:22:02	111	260	16
22:32	01m51.2s	11	21:41:31	290	85	6	22:31:04	110	263	22:32:56	290	83	23:24:21	111	261	17
22:34	01m52.7s	12	21:43:13	290	86	7	22:33:04	110	264	22:34:56	290	84	23:26:37	110	263	18
22:36	01m53.9s	13	21:44:57	289	87	8	22:35:03	110	265	22:36:57	290	85	23:28:49	110	264	18
22:38	01m54.8s	14	21:46:44	289	88	9	22:37:03	110	266	22:38:57	290	86	23:30:59	110	265	19
22:40	01m55.6s	14	21:48:33	289	89	10	22:39:02	110	267	22:40:58	290	87	23:33:07	110	266	19
22:42	01m56.3s	14	21:50:23	289	90	10	22:41:02	110	268	22:42:58	290	88	23:35:12	110	267	19
22:44	01m56.7s	15	21:52:15	289	91	11	22:43:02	109	269	22:44:58	290	89	23:37:15	110	268	19
22:46	01m57.1s	15	21:54:09	289	92	11	22:45:02	109	270	22:46:59	289	90	23:39:17	110	269	19
22:48	01m57.2s	15	21:56:05	289	93	11	22:47:01	109	271	22:48:59	289	91	23:41:16	110	270	19
22:50	01m57.2s	15	21:58:02	289	94	12	22:49:01	109	272	22:50:59	289	92	23:43:14	109	271	19
22:52	01m57.1s	15	22:00:01	289	95	12	22:51:02	109	273	22:52:59	289	93	23:45:10	109	272	18
22:54	01m56.8s	15	22:02:01	288	96	12	22:53:02	109	274	22:54:58	289	94	23:47:04	109	273	18
22:56	01m56.4s	14	22:04:04	288	97	12	22:55:02	108	275	22:56:58	288	95	23:48:56	109	274	17
22:58	01m55.8s	14	22:06:08	288	98	12	22:57:02	108	276	22:58:58	288	96	23:50:46	109	275	17
23:00	01m55.0s	14	22:08:14	288	99	11	22:59:03	108	277	23:00:58	288	97	23:52:34	108	276	16
23:02	01m54.1s	13	22:10:22	288	100	11	23:01:03	108	278	23:02:57	288	98	23:54:20	108	276	15
23:04	01m52.9s	12	22:12:33	287	101	11	23:03:04	108	279	23:04:56	288	99	23:56:03	108	277	14
23:06	01m51.5s	11	22:14:47	287	102	10	23:05:04	107	280	23:06:56	287	99	23:57:44	108	278	13
23:08	01m49.8s	10	22:17:04	287	103	9	23:07:05	107	280	23:08:55	287	100	23:59:21	107	278	12
23:10	01m47.7s	9	22:19:25	286	104	8	23:09:06	107	281	23:10:54	287	101	00:00:53	107	279	11
23:12	01m45.0s	7	22:21:54	286	105	7	23:11:08	106	282	23:12:53	286	102	00:02:19	107	279	9
23:14	01m41.3s	5	22:24:36	286	106	5	23:13:09	106	283	23:14:51	286	103	00:03:32	106	280	6

TABLE 2.6
LOCAL CIRCUMSTANCES FOR ANTARCTICA
TOTAL SOLAR ECLIPSE OF 2003 NOVEMBER 23

Location Name	Latitude	Longitude	Elev. m	First Contact U.T. h m s	P °	V °	Alt °	Second Contact U.T. h m s	P °	V °	Alt °	Third Contact U.T. h m s	P °	V °	Fourth Contact U.T. h m s	P °	V °	Alt °	Maximum Eclipse U.T. h m s	P °	V °	Alt °	Azm °	Eclip. Mag.	Eclip. Obs.	Umbral Depth	Umbral Durat.
ANTARCTICA																											
Amundsen-Scott	90°00'S	139°16'E	—	22:23:20.1	280	100	20	—				—			00:12:31.1	115	295	20	23:17:55.6	197	17	20	48	0.882	0.861		
Belgrano II	77°52'S	034°38'W	—	22:40:33.1	277	107	13	—				—			00:23:05.8	113	299	9	23:32:09.2	195	23	11	216	0.874	0.849		
Capt. Arturo Pr...	62°30'S	059°41'W	—	23:09:49.4	260	106	9	—				—			00:43:12.1	125	324	1	23:57:15.8	192	35	4	232	0.627	0.542		
Casey	66°17'S	110°31'E	—	21:42:13.4	287	83	15	—				—			22:35:31.1	201	356	20	23:30:53.4	201	356	20	96	0.954	0.951		
Davis	68°35'S	077°58'E	—	21:55:38.7	290	94	6	—				—			23:37:12.7	107	266	14	22:45:47.2	19	179	10	122	0.983	0.985		
Dumont d'Urville	66°40'S	140°00'E	—	21:42:51.4	279	74	26	—				—			23:38:38.6	125	286	37	22:39:35.8	202	359	32	67	0.793	0.748		
Esperanza	63°24'S	057°00'W	—	23:07:27.5	262	107	8	—				—			00:41:38.3	123	321	1	23:55:16.2	193	34	4	230	0.656	0.576		
Gen. B. O'Higgi...	63°19'S	057°54'W	—	23:07:54.0	261	106	9	—				—			00:42:00.9	124	322	1	23:55:41.4	193	35	4	231	0.649	0.569		
Halley	75°35'S	026°32'W	—	22:41:15.1	278	108	10	—				—			00:22:01.3	112	296	7	23:31:56.9	195	22	8	208	0.893	0.873		
Maitri	70°46'S	011°44'E	—	22:28:56.6	285	107	2	23:16:40.3	71	250		23:17:59.7	319	138	00:05:41.8	106	281	2	23:17:20.0	195	14	2	176	1.007	1.000	0.442	01m19s
Marambio	64°15'S	056°39'W	—	23:06:01.5	263	107	9	—				—			00:40:54.8	123	320	1	23:54:11.0	193	34	5	230	0.669	0.592		
Mawson	67°36'S	062°52'E	—	22:01:29.3	291	97	2	—				—			23:59:58.6	105	265	9	22:50:44.0	2	18	1	181	0.961	0.959		
McMurdo	77°51'S	166°40'E	—	22:08:57.3	276	87	30	—				—			00:04:37.1	124	302	32	23:06:26.1	200	14	31	26	0.769	0.718		
Mirny	66°33'S	093°01'E	—	21:48:28.5	289	88	9	22:37:37.0	117	274		22:39:30.7	283	79	23:31:28.5	110	265	18	23:27:18.8	176	13	13	111	1.016	1.000	0.874	01m54s
Neumayer	70°38'S	008°15'W	—	22:38:35.6	280	109	3	—				—			00:15:38.1	109	289	1	23:27:18.8	195	19	2	192	0.946	0.940		
Molodezhnaya	67°40'S	045°51'E	—	22:14:23.4	289	103	1	—				—			23:46:50.7	104	268	4	22:58:18.1	17	185	2	149	0.962	0.959		
Novolazarevskaya	70°46'S	011°50'E	—	22:28:53.7	285	107	2	23:16:36.9	72	251		23:17:57.3	318	137	00:05:38.9	106	281	2	23:17:17.1	195	14	2	176	1.008	1.000	0.457	01m20s
Orcadas	60°44'S	044°44'W	—	23:05:51.9	264	108	3	—				—			00:42:51.5	125	324	1	23:35:Set				224	0.536	0.435		
Palmer	64°47'S	064°03'W	—	23:07:25.6	261	106	12	—				—			00:38:50.0	107	266		23:55:54.7	193	35	7	236	0.633	0.549		
Progress	69°23'S	076°23'E	—	21:57:13.2	290	95	6	—				—			—				22:47:24.9	19	180	10	123	0.982	0.984		
Rothera	67°34'S	068°07'W	—	23:03:27.6	262	105	15	—				—			00:41:25.5	124	323	7	23:53:12.4	193	34	10	241	0.650	0.570		
San Martin	68°08'S	067°06'W	—	23:02:17.4	263	105	15	—				—			00:40:40.5	124	321	7	23:52:13.8	193	34	10	240	0.663	0.585		
SANAE IV	71°41'S	002°50'W	—	22:35:31.0	282	108	3	—				—			00:13:00.7	108	287	2	23:24:24.6	195	18	4	188	0.965	0.964		
Scott Base	77°51'S	166°46'E	—	22:08:59.8	276	87	30	—				—			00:04:39.1	124	302	32	23:06:28.2	200	14	32	26	0.769	0.718		
Syowa	69°00'S	039°35'E	—	22:14:23.4	289	103	1	—				—			23:51:03.2	104	271	4	23:02:28.1	17	187	3	153	0.970	0.970		
Vernadsky	65°15'S	064°15'W	—	23:06:40.8	261	106	12	—				—			00:42:31.9	125	324	4	23:55:22.3	193	35	8	237	0.639	0.556		
Vostok	78°28'S	106°48'E	—	22:03:10.1	285	93	18	—				—			23:52:45.9	113	281	24	22:57:25.8	19	7	21	90	0.951	0.948		
Zhongshan	69°22'S	076°23'E	—	21:57:12.1	290	95	6	—				—			23:38:48.4	107	266	14	22:47:23.5	19	180	10	123	0.982	0.984		
ILES CROZET																											
Macquarie Island	54°30'S	158°56'E	—	21:31:43.4	264	48	37	—				—			23:24:12.9	146	302	50	22:26:28.0	205	353	44	59	0.499	0.395		
KING GEORGE ISLAND																											
Bellingshausen	62°12'S	058°58'W	—	23:10:02.6	260	106	8	—				—			00:43:09.4	125	324	—	23:57:20.8	192	35	4	231	0.628	0.543		
Comandante Ferr...	62°05'S	058°23'W	—	23:10:00.8	260	106	8	—				—			—				23:57:15.8	192	35	4	231	0.630	0.545		
Jubany	62°14'S	058°40'W	—	23:09:52.3	260	106	8	—				—			00:43:01.5	125	324	0	23:57:11.5	192	35	4	231	0.630	0.546		

TABLE 2.7
LOCAL CIRCUMSTANCES FOR ARGENTINA, CHILE & FALKLAND ISLANDS
TOTAL SOLAR ECLIPSE OF 2003 NOVEMBER 23

Location Name	Latitude	Longitude	Elev. m	First Contact U.T. h m s	P °	V °	Alt °	Second Contact U.T. h m s	P °	V °	Alt °	Third Contact U.T. h m s	P °	V °	Fourth Contact U.T. h m s	P °	V °	Alt °	Maximum Eclipse U.T. h m s	P °	V °	Alt °	Azm °	Eclip. Mag.	Eclip. Obs.	Umbral Depth	Umbral Durat.
ARGENTINA																											
Comodoro Rivada...	45°52'S	067°30'W	—	23:43:19.7	234	94	1	—				—			—				23:49 Set	—	—	0	240	0.070	0.022		
Río Gallegos	51°38'S	069°13'W	—	23:33:00.2	242	99	6	—				—			—				00:12:48.6	191	45	1	236	0.379	0.266		
CHILE																											
Coihaique	45°34'S	072°04'W	—	23:47:47.9	230	92	3	—				—			—				00:06 Set	—	—	0	240	0.181	0.091		
Puerto Natales	51°44'S	072°31'W	—	23:34:39.3	240	98	7	—				—			—				00:13:55.8	191	46	2	239	0.355	0.242		
Punta Arenas	53°09'S	070°55'W	8	23:30:57.4	244	99	8	—				—			—				00:11:49.6	191	44	2	238	0.395	0.282		
FALKLAND ISLANDS																											
Darwin	51°50'S	058°58'W	—	23:26:26.3	248	102	2	—				—			—				23:38 Set	—	—	0	235	0.182	0.091		
Port Edgar	52°00'S	060°41'W	—	23:26:58.0	248	102	2	—				—			—				23:43 Set	—	—	0	235	0.256	0.151		
Port Louis	51°33'S	058°10'W	—	23:26:22.5	248	102	1	—				—			—				23:33 Set	—	—	0	235	0.113	0.045		
Stanley	51°42'S	057°51'W	2	23:25:56.1	249	102	1	—				—			—				23:33 Set	—	—	0	235	0.111	0.044		

TABLE 2.8
LOCAL CIRCUMSTANCES FOR AUSTRALIA
TOTAL SOLAR ECLIPSE OF 2003 NOVEMBER 23

Location Name	Latitude	Longitude	Elev.	First Contact U.T. h m s	P °	V °	Alt °	Second Contact U.T. h m s	P °	V °	Alt °	Third Contact U.T. h m s	P °	V °	Alt °	Fourth Contact U.T. h m s	P °	V °	Alt °	Maximum Eclipse U.T. h m s	P °	V °	Alt °	Azm °	Eclip. Mag.	Eclip. Obs.	Umbral Depth	Umbral Durat.
AUSTRALIA			m																									
Adelaide	34°55'S	138°35'E	6	20:55:10.8	261	23	16	—				—				22:30:15.9	152	271	35	21:41:04.8	207	326	25	98	0.438	0.328		
Albury	36°05'S	146°55'E	—	21:00:09.7	256	17	24	—				—				22:32:42.0	159	279	43	21:44:51.9	207	328	33	92	0.354	0.242		
Auburn	33°51'S	151°02'E	—	21:02:02.2	249	8	27	—				—				22:25:17.6	167	285	45	21:42:22.4	208	326	36	92	0.259	0.154		
Ballarat	37°34'S	143°52'E	—	20:59:48.4	260	23	22	—				—				22:36:47.4	154	276	41	21:42:36.6	207	329	31	93	0.418	0.306		
Bankstown	33°55'S	151°02'E	—	21:02:04.5	250	8	27	—				—				22:25:30.4	167	285	45	21:42:29.6	208	326	36	92	0.261	0.155		
Bayswater	37°51'S	145°16'E	—	21:00:49.3	259	21	22	—				—				22:37:33.4	155	278	42	21:47:30.8	207	330	32	92	0.405	0.293		
Bendigo	36°46'S	144°17'E	—	20:59:13.0	259	21	22	—				—				22:34:41.3	155	277	41	21:45:18.2	207	328	31	93	0.399	0.287		
Berwick	38°02'S	145°21'E	—	21:01:03.3	259	23	23	—				—				22:38:02.6	155	278	42	21:47:52.1	207	330	32	92	0.407	0.295		
Blacktown	33°46'S	150°55'E	—	21:01:52.1	249	8	27	—				—				22:25:03.0	167	285	44	21:42:10.5	208	326	36	92	0.260	0.154		
Blue Mountains	33°37'S	150°17'E	—	21:01:08.3	250	8	27	—				—				22:24:47.1	166	284	44	21:41:39.3	208	325	35	93	0.266	0.159		
Box Hill	37°49'S	145°08'E	—	21:00:42.8	259	23	23	—				—				22:37:27.9	155	278	42	21:47:24.8	207	330	32	92	0.406	0.294		
Brisbane	27°28'S	153°02'E	5	21:04:26.1	235	346	29	—				—				22:00:39.6	183	292	43	21:31:58.7	209	319	35	97	0.109	0.043		
Broadmeadows	37°40'S	144°54'E	—	21:00:26.1	259	23	23	—				—				22:37:03.9	155	277	42	21:47:04.6	207	329	32	92	0.406	0.295		
Brunswick	37°46'S	144°58'E	—	21:00:34.8	260	23	23	—				—				22:37:16.5	155	277	42	21:47:16.5	207	329	32	92	0.407	0.295		
Camberwell	37°50'S	145°04'E	—	21:00:41.7	259	23	23	—				—				22:37:30.5	155	278	42	21:47:25.4	207	330	32	92	0.407	0.295		
Campbelltown	34°04'S	150°49'E	—	21:01:56.2	250	9	27	—				—				22:26:02.8	166	284	45	21:42:40.5	208	326	36	92	0.266	0.160		
Canberra	35°17'S	149°08'E	575	21:01:10.8	253	13	26	—				—				22:30:08.4	163	282	44	21:44:12.1	208	327	35	92	0.311	0.201		
Canning	32°02'S	115°56'E	—	—				—				—				22:28:10.0	138	257	16	21:40:05.5	203	325	6	110	0.613	0.525		
Canterbury	33°55'S	151°07'E	—	21:02:09.7	249	8	27	—				—				22:25:28.8	167	285	45	21:42:31.7	208	326	36	92	0.259	0.154		
Caulfield	37°53'S	145°03'E	—	21:00:44.2	260	23	23	—				—				22:37:38.4	155	278	42	21:47:30.5	207	330	32	92	0.408	0.296		
Coburg	37°45'S	145°58'E	—	21:00:33.3	259	23	23	—				—				22:37:17.2	155	277	42	21:47:14.7	207	329	32	92	0.407	0.295		
Cockburn	32°05'S	141°00'E	—	20:53:38.9	256	14	17	—				—				22:22:40.6	158	273	36	21:36:40.8	207	324	26	99	0.361	0.248		
Coffs Harbour	30°18'S	153°08'E	—	21:03:40.4	241	355	29	—				—				22:11:55.6	177	289	44	21:36:55.6	209	322	36	94	0.163	0.078		
Dandenong	37°59'S	145°12'E	—	21:00:55.2	260	23	23	—				—				22:37:54.4	155	278	42	21:47:44.0	207	330	32	92	0.408	0.296		
Darwin	12°28'S	130°50'E	—	20:52:34.0	227	330	2	—				—				21:31:26.1	184	284	11	21:11:46.9	206	307	6	110	0.073	0.024		
Doncaster	37°47'S	145°09'E	—	21:00:40.8	259	23	23	—				—				22:37:22.6	155	278	42	21:47:21.2	207	329	32	92	0.405	0.293		
Enfield	34°53'S	138°35'E	—	21:01:57.5	249	31	16	—				—				22:37:15.7	167	285	45	21:41:01.4	207	326	36	92	0.438	0.328		
Essendon	37°46'S	144°55'E	—	21:00:32.7	260	23	23	—				—				22:37:19.7	155	277	42	21:47:15.6	207	329	32	92	0.408	0.296		
Fairfield	33°52'S	150°57'E	—	21:03:01.3	236	347	28	—				—				22:25:22.4	167	285	45	21:42:22.2	208	326	36	92	0.261	0.155		
Footscray	37°48'S	144°54'E	—	21:00:34.2	260	23	23	—				—				22:37:25.0	155	278	42	21:47:18.9	207	329	32	92	0.408	0.297		
Frankston	38°08'S	145°07'E	—	21:01:01.8	260	23	23	—				—				22:38:18.1	154	278	42	21:47:58.7	207	330	32	92	0.411	0.300		
Geelong	38°08'S	144°21'E	—	21:00:37.8	260	24	22	—				—				22:38:16.5	154	277	41	21:47:45.2	207	329	31	92	0.421	0.310		
Gosford	33°26'S	151°21'E	—	21:02:09.4	249	6	28	—				—				22:23:50.8	168	285	45	21:41:45.3	208	325	36	92	0.247	0.144		
Gosnells	32°04'S	116°00'E	—	—				—				—				22:28:12.5	138	257	16	21:40:06.7	204	325	6	110	0.613	0.525		
Heidelberg	37°45'S	145°04'E	—	21:00:36.6	259	23	23	—				—				22:37:17.3	155	278	42	21:47:16.6	207	329	32	92	0.406	0.294		
Hobart	42°53'S	147°19'E	54	21:02:39.9	263	31	26	—				—				22:50:54.8	151	282	45	21:57:30.6	207	335	36	85	0.458	0.350		
Holroyd	33°50'S	150°58'E	—	21:01:57.5	249	8	27	—				—				22:25:15.7	167	285	45	21:42:19.0	208	326	36	92	0.260	0.155		
Hurstville	33°58'S	151°06'E	—	21:02:10.3	249	8	27	—				—				22:25:38.7	167	285	45	21:42:36.7	208	326	36	92	0.261	0.155		
Ipswich	27°36'S	152°46'E	—	21:03:51.6	236	347	28	—				—				22:01:34.1	182	291	43	21:32:06.2	209	319	35	97	0.116	0.047		
Keilor	37°43'S	144°50'E	—	21:00:27.0	260	23	23	—				—				22:37:11.8	155	277	42	21:47:21.8	207	329	32	92	0.408	0.296		
Kogarah	33°58'S	151°08'E	—	21:02:12.4	249	8	28	—				—				22:25:38.1	167	285	45	21:42:37.5	208	326	36	92	0.260	0.155		
Launceston	41°26'S	147°08'E	—	21:02:48.9	262	29	26	—				—				22:47:08.4	152	281	45	21:54:43.4	207	334	35	87	0.438	0.328		
Leichhardt	33°53'S	151°07'E	—	21:02:08.6	249	8	27	—				—				22:25:28.1	167	285	45	21:42:28.1	208	326	36	92	0.259	0.154		
Liverpool	33°54'S	150°56'E	—	21:01:57.6	250	8	27	—				—				22:25:29.0	167	285	45	21:42:25.3	208	326	36	92	0.262	0.156		
Logan	27°47'S	153°18'E	—	21:04:47.9	235	346	29	—				—				22:32:30.5	209	319	35	21:41:30.9	209	329	35	96	0.110	0.044		
Mackay	21°09'S	149°11'E	—	21:05:13.7	224	328	24	—				—				21:36:38.4	194	297	31	21:20:49.3	209	312	28	103	0.036	0.008		
Malvern	37°52'S	145°02'E	—	21:00:42.6	260	23	23	—				—				22:37:35.7	155	278	42	21:47:28.4	207	330	32	92	0.408	0.296		
Marion	35°01'S	138°34'E	—	20:55:16.2	249	8	16	—				—				22:30:30.7	152	271	35	21:41:14.7	207	326	25	98	0.440	0.330		
Marrickville	33°55'S	151°09'E	—	21:02:11.8	249	8	28	—				—				22:25:37.2	167	285	45	21:42:32.5	208	326	36	92	0.259	0.154		
Melbourne	37°49'S	144°58'E	35	21:00:37.4	260	23	23	—				—				22:37:27.7	155	277	42	21:47:21.8	207	329	32	92	0.408	0.296		
Melville	32°03'S	115°49'E	—	—				—				—				22:28:14.0	138	256	16	21:40:09.4	203	325	6	110	0.614	0.527		
Mitcham	34°59'S	138°36'E	—	20:55:14.2	249	8	16	—				—				22:30:25.7	152	271	35	21:41:11.5	207	326	25	98	0.439	0.329		
Moorabbin	37°56'S	145°02'E	—	21:00:46.7	260	23	23	—				—				22:37:46.3	155	278	42	21:47:35.6	207	330	32	92	0.409	0.297		
Newcastle	32°56'S	151°46'E	—	21:02:23.8	247	4	28	—				—				22:22:02.6	170	286	45	21:41:01.9	208	325	36	92	0.232	0.131		
Noarlunga	35°11'S	138°30'E	—	20:55:24.6	261	31	16	—				—				22:30:55.6	152	271	35	21:41:30.9	207	326	25	98	0.444	0.334		
Northcote	37°46'S	145°00'E	—	21:00:35.4	260	23	23	—				—				22:37:19.8	155	277	42	21:47:17.1	207	329	32	92	0.407	0.295		
North Sydney	33°50'S	151°13'E	—	21:02:13.3	249	7	28	—				—				22:25:10.9	167	285	45	21:42:25.4	208	326	36	92	0.257	0.152		
Nunawading	37°49'S	145°10'E	—	21:00:43.9	259	23	23	—				—				22:37:20.7	155	278	42	21:47:25.4	207	330	32	92	0.405	0.294		
Oakleigh	37°54'S	145°06'E	—	21:01:46.8	260	23	23	—				—				22:37:41.1	155	278	42	21:47:33.2	207	330	32	92	0.408	0.296		
Parramatta	33°49'S	151°00'E	—	21:01:59.0	249	8	27	—				—				22:25:11.9	167	285	45	21:42:18.0	208	326	36	92	0.259	0.154		

Annular and Total Solar Eclipses of 2003

TABLE 2.8 — continued
LOCAL CIRCUMSTANCES FOR AUSTRALIA
TOTAL SOLAR ECLIPSE OF 2003 NOVEMBER 23

Location Name	Latitude	Longitude	Elev. (m)	First Contact U.T. (h m s)	P (°)	V (°)	Alt (h)	Second Contact U.T. (h m s)	P (°)	V (°)	Alt (h)	Third Contact U.T. (h m s)	P (°)	V (°)	Alt (h)	Fourth Contact U.T. (h m s)	P (°)	V (°)	Alt (h)	Maximum Eclipse U.T. (h m s)	P (°)	V (°)	Alt (°)	Azm (°)	Eclip. Mag.	Eclip. Obs.	Umbral Depth	Umbral Durat.
AUSTRALIA																												
Penrith	33°45'S	150°42'E	—	21:01:38.1	250	8	27	—				—				22:25:04.7	167	284	44	21:42:03.5	208	326	35	92	0.262	0.157		
Perth	31°57'S	115°51'E	20	—				—				—				22:28:02.4	138	256	16	21:40:00.8	203	325	6	110	0.612	0.525		
Prahran	37°51'S	144°59'E	—	21:00:40.0	260	23	23	—				—				22:37:33.0	155	277	42	21:47:25.7	207	330	32	92	0.408	0.297		
Preston	37°45'S	145°01'E	—	21:00:35.0	259	23	23	—				—				22:37:17.2	155	278	42	21:47:15.6	207	329	32	92	0.406	0.294		
Randwick	33°55'S	151°15'E	—	21:02:18.2	249	8	28	—				—				22:25:26.3	167	285	45	21:42:35.0	208	326	36	92	0.258	0.152		
Redcliffe	27°14'S	153°07'E	—	21:04:46.8	235	345	29	—				—				21:59:31.9	184	292	41	21:31:36.8	209	318	35	97	0.103	0.040		
Rockdale	33°57'S	151°08'E	—	21:02:11.9	249	8	28	—				—				22:25:34.9	167	285	45	21:42:35.7	208	326	36	92	0.260	0.154		
Rockhampton	23°23'S	150°31'E	—	21:03:43.4	229	336	26	—				—				21:45:52.3	189	294	35	21:24:30.7	209	315	30	101	0.063	0.019		
Ryde	33°49'S	151°06'E	—	21:02:05.3	249	8	27	—				—				22:25:10.0	167	285	45	21:42:20.5	208	326	36	92	0.258	0.153		
Saint Kilda	37°52'S	144°59'E	—	21:00:41.0	260	23	23	—				—				22:37:35.7	155	277	42	21:47:27.5	207	330	32	92	0.408	0.297		
Salisbury	34°46'S	138°38'E	—	20:55:03.2	261	22	16	—				—				22:29:53.4	152	271	35	21:40:50.1	207	326	25	98	0.435	0.325		
Southport	27°58'S	153°25'E	—	21:04:51.9	236	347	29	—				—				22:02:18.5	182	292	42	21:32:59.0	209	319	35	96	0.113	0.045		
Springvale	37°57'S	145°09'E	—	21:00:51.5	260	23	23	—				—				22:37:49.1	155	278	42	21:47:39.5	207	330	32	92	0.408	0.296		
Stirling	21°44'S	133°45'E	—	20:47:02.7	247	357	7	—				—				21:58:12.0	166	272	25	21:21:40.7	206	314	14	107	0.249	0.145		
Sunshine	37°47'S	144°50'E	—	21:00:31.1	260	23	23	—				—				22:37:22.3	155	277	42	21:47:15.9	207	329	32	92	0.409	0.297		
Sydney	33°52'S	151°13'E	19	21:02:14.4	249	8	28	—				—				22:25:28.8	208	326	36	21:42:28.8	208	326	36	92	0.257	0.152		
Teatree Gully	34°49'S	138°44'E	—	20:55:07.7	261	22	16	—				—				22:30:00.3	152	271	35	21:40:55.7	207	326	25	98	0.435	0.325		
Toowoomba	27°33'S	151°57'E	—	21:02:26.1	237	348	27	—				—				22:02:20.1	181	290	40	21:31:43.2	209	319	34	97	0.127	0.054		
Townsville	19°16'S	146°48'E	—	21:03:54.0	222	325	21	—				—				21:31:48.1	195	297	28	21:17:47.0	208	311	24	104	0.029	0.006		
Wagga Wagga	35°07'S	147°22'E	—	20:59:40.2	255	15	24	—				—				22:29:54.8	161	280	42	21:43:17.3	208	327	33	93	0.332	0.220		
Wanneroo	31°45'S	115°48'E	—	21:02:18.7	249	8	28	—				—				22:27:41.3	138	256	16	21:39:46.2	203	325	6	110	0.609	0.521		
Waverley	33°54'S	151°16'E	—	21:02:14.4	249	8	28	—				—				22:25:22.8	167	285	45	21:42:33.6	208	326	36	92	0.257	0.152		
Glen Waverley	37°53'S	145°10'E	—	21:00:48.0	259	23	23	—				—				22:37:38.5	155	278	42	21:47:32.6	207	330	32	92	0.406	0.295		
West Torrens	34°56'S	138°32'E	—	20:55:10.9	261	23	16	—				—				22:30:18.6	152	271	35	21:41:06.1	207	326	25	98	0.439	0.329		
Willoughby	33°48'S	151°12'E	—	21:02:11.1	249	7	28	—				—				22:25:04.9	167	285	45	21:42:21.1	208	326	36	92	0.256	0.151		
Wollongong	34°25'S	150°54'E	—	21:02:13.9	250	9	27	—				—				22:27:07.5	166	284	45	21:41:01.0	207	326	36	92	0.271	0.165		
Woodville	34°53'S	138°32'E	—	20:55:08.1	261	23	16	—				—				22:30:11.2	152	271	35	21:41:01.0	207	326	25	98	0.438	0.328		
Woollahra	33°53'S	151°15'E	—	21:02:17.1	249	8	28	—				—				22:25:19.9	167	285	45	21:42:31.4	208	326	36	92	0.257	0.152		

TABLE 2.9
LOCAL CIRCUMSTANCES FOR NEW ZEALAND
TOTAL SOLAR ECLIPSE OF 2003 NOVEMBER 23

Location Name	Latitude	Longitude	Elev. (m)	First Contact U.T. (h m s)	P (°)	V (°)	Alt (h)	Second Contact U.T. (h m s)	P (°)	V (°)	Alt (h)	Third Contact U.T. (h m s)	P (°)	V (°)	Alt (h)	Fourth Contact U.T. (h m s)	P (°)	V (°)	Alt (h)	Maximum Eclipse U.T. (h m s)	P (°)	V (°)	Alt (°)	Azm (°)	Eclip. Mag.	Eclip. Obs.	Umbral Depth	Umbral Durat.
NEW ZEALAND																												
Christchurch	43°32'S	172°38'E	36	21:43:19.7	238	12	51	—				—				22:55:18.7	178	326	61	22:18:37.4	208	348	56	56	0.135	0.059		
Dunedin	45°52'S	170°30'E	1	21:38:21.0	245	21	48	—				—				23:04:56.1	170	321	60	22:20:38.9	207	349	54	55	0.211	0.114		
Invercargill	46°24'S	168°21'E	—	21:34:35.1	248	24	45	—				—				23:06:20.4	166	317	59	22:19:21.3	207	349	52	58	0.250	0.146		
Lower Hutt	41°13'S	174°55'E	—	21:35:53.9	227	1	55	—				—				22:40:49.7	190	333	62	22:16:58.8	208	346	59	56	0.053	0.015		
Palmerston North	45°29'S	170°43'E	—	21:38:41.9	244	20	48	—				—				23:03:31.9	171	322	60	22:20:09.3	207	349	54	56	0.201	0.106		
Wellington	41°18'S	174°47'E	126	21:52:55.2	228	1	55	—				—				22:41:36.2	189	333	62	22:16:58.0	208	346	59	57	0.057	0.016		

TABLE 2.10
LOCAL CIRCUMSTANCES FOR INDONESIA
TOTAL SOLAR ECLIPSE OF 2003 NOVEMBER 23

Location Name	Latitude	Longitude	Elev. (m)	First Contact U.T. (h m s)	P (°)	V (°)	Alt (h)	Second Contact U.T. (h m s)	P (°)	V (°)	Alt (h)	Third Contact U.T. (h m s)	P (°)	V (°)	Alt (h)	Fourth Contact U.T. (h m s)	P (°)	V (°)	Alt (h)	Maximum Eclipse U.T. (h m s)	P (°)	V (°)	Alt (°)	Azm (°)	Eclip. Mag.	Eclip. Obs.	Umbral Depth	Umbral Durat.
INDONESIA																												
Dili	08°33'S	125°35'E	—	—				—				—				21:22:27.0	191	289	3	21:10:16.9	205	304	0	111	0.030	0.006		
Kupang	10°10'S	123°35'E	—	—				—				—				21:33:20.1	181	280	4	21:15 Rise	—	—	0	111	0.088	0.031		

Table 2.11 - Antarctic Station Climatology for the Total Solar Eclipse of 2003 Nov 23

Station	POR (years)	Ave. Temp. (°C)	Min. Temp. (°C)	Max. Temp. (°C)	Ave. Wind Chill (°C)	Min. Wind Chill (°C)	Ave. Wind Speed (km/h)	Max. Wind Speed (km/h)	Prevail. Wind Direction	Average Cloud Cover (tenths)	Most Freqent Cloud Cover (tenths)	Eclipse Observing Probability (%)
von Neumayer	15	-9.8	-24.3	1.0	-17.9	-36.0	29	113	E	7.6	10.0	27
Maitri *	5	-5.3	-11.9	4.1	-13.2	-27.0	32	111	S	3.9	10.0	52
Novolazarevskaja *	15	-5.7	-16.3	4.0	-13.2	-27.7	36	100	E - SE	5.7	10.0	44
Asuka	5	-14.5	-28.4	-5.6	-26.5	-37.5	42	80	SE			
Syowa	4	-7.5	-15.2	-1.4	-15	-24.3	27	78	N - NE	6.4	8.8	36
Relay Station	6	-41.1	-50.6	-28.6	-58.3	-70.2	25	61	W-SW			
LGB20 *	9	-32.6	-41.5	-18.2	-44.5	-63.3	16	46	S -SW			
LGB10	6	-32.5	-42.4	-17.1	-42.0	-59.9	20	50	S - SW			
GEO3	4	-22.0	-31.7	-11.3	-36.6	-45.4	41	87	S			
Mawson	15	-5.9	-14.9	5.2	-16	-29.6	51	139	SE	6.1	10.0	39
LGB35 *	7	-27.9	-36.9	-16.3	-43.2	-58.2	18	56	SE			
Zhongshan	4	-5.3	-13.1	0	-13.4	-26.4	37	130	E	6.1	10	39
LGB59 *	4	-28.8	-37.1	-18.5	-44.7	-57.1	36	61	NE			
Davis	15	-4.3	-14.3	5.6	-10.4	-23.8	13	53	E - NE	6.6	8.8	34
Mirnij *	15	-7.5	-19.7	0.3	-17	-33.8	41	111	E - SE	6.4	10.0	37
Vostok	15	-39.5	-53.7	-25.7	-53.7	-73.6	17	41	S - SW	3.4	0.0	66
GC46	2	-40.2	-53.6	-31.8	-55.7	-73.6	20	33	SE			
Casey	15	-4.3	-13.4	5.1	-10.5	-23.6	23	126	E - NE	6.9	8.8	31

* indicates stations within the eclipse track

Key to Table 2.11

Data for this table was taken from the archive of the British Antarctic Society. They are based on hourly observations taken at 00 hour UTC between November 9 and December 9 for a variable number of years.

POR
Period of record, or the length of time in years for which meteorological data are available.

Ave. Temp.
The mean of the temperatures at 00 UTC between November 9 and December 9 for the period of record, in degrees Celsius. Many values are missing from Antarctic stations, but most means are based on at least 90 reports.

Min. Temp.
The lowest temperature (°C) in the data collected during the period of record.

Max. Temp.
The highest temperature (°C) in the data collected during the period of record.

Ave. Wind Chill
Mean wind chill (°C) calculated using the new wind chill formula developed by Environment Canada and U. S. National Weather Service. The formula can be found at http://windchill.ec.gc.ca.

Min. Wind Chill
Coldest wind chill – the lowest wind chill value (°C) calculated during the period of record.

Ave. Wind Speed
The mean wind speed (km/h) for the period of record.

Max. Wind Speed
The greatest wind speed (km/h) for the period of record.

Prevail. Wind Direction
Prevailing wind direction – the most common wind direction or directions in the record.

Average Cloud Cover
Mean cloud amount in tenths in the record. Cloud observations are recorded in octas (eighths); these values are converted from those records. Obscured conditions are included in the overcast category. These make up only a small percentage of the observations.

Most Frequent Cloud Cover
The cloud amount that had the highest frequency in the period of record.

Eclipse Observing Probability
The summed product of the cloud amount times its frequency. It assumes that the sun is high (above 45°) and that all observed cloud is opaque. It provides a good comparison between observing sites.

3.00 ECLIPSE RESOURCES

3.01 EYE SAFETY AND SOLAR ECLIPSES

B. Ralph Chou, MSc, OD
Associate Professor, School of Optometry, University of Waterloo
Waterloo, Ontario, Canada N2L 3G1

A solar eclipse offers students a unique opportunity to see a natural phenomenon that illustrates the basic principles of mathematics and science that are taught through elementary and secondary school. Indeed, many scientists (including astronomers!) have been inspired to study science as a result of seeing a total solar eclipse. Teachers can use eclipses to show how the laws of motion and the mathematics of orbital motion can predict the occurrence of eclipses. The use of pinhole cameras and telescopes or binoculars to observe an eclipse leads to an understanding of the optics of these devices. The rise and fall of environmental light levels during an eclipse illustrate the principles of radiometry and photometry, while biology classes can observe the associated behavior of plants and animals. It is also an opportunity for children of school age to contribute actively to scientific research - observations of contact timings at different locations along the eclipse path are useful in refining our knowledge of the orbital motions of the moon and earth, and sketches and photographs of the solar corona can be used to build a three-dimensional picture of the sun's extended atmosphere during the eclipse.

However, observing the Sun can be dangerous if you do not take the proper precautions. The solar radiation that reaches the surface of the earth includes ultraviolet (UV) radiation at wavelengths longer than 290 nm, to radio waves in the meter range. The tissues in the eye transmit a substantial part of the radiation between 380 and 1400 nm to the light-sensitive retina at the back of the eye. While environmental exposure to UV radiation is known to contribute to the accelerated aging of the outer layers of the eye and the development of cataracts, the concern over improper viewing of the Sun during an eclipse is for the development of "eclipse blindness" or retinal burns.

Exposure of the retina to intense visible light causes damage to its light-sensitive rod and cone cells. The light triggers a series of complex chemical reactions within the cells which damages their ability to respond to a visual stimulus, and in extreme cases, can destroy them. The result is a loss of visual function which may be either temporary or permanent, depending on the severity of the damage. When a person looks repeatedly or for a long time at the Sun without proper protection for the eyes, this photochemical retinal damage may be accompanied by a thermal injury - the high level of visible light causes heating that literally cooks the exposed tissue. This thermal injury or photocoagulation destroys the rods and cones, creating a small blind area. The danger to vision is significant because photic retinal injuries occur without any feeling of pain (the retina has no pain receptors), and the visual effects do not occur for at least several hours after the damage is done (Pitts, 1993). Viewing the sun through binoculars, a telescope or other optical devices without proper protective filters can result in thermal retinal injury because of the high irradiance level due to visible light, as well as near infrared radiation, in the magnified image.

The only time that the Sun can be viewed safely with the naked eye is during a total eclipse, when the moon completely covers the Sun. *It is never safe to look at an annular eclipse or the partial phases of any eclipse without the proper equipment and techniques*. Even when 99.9% of the Sun's surface (the photosphere) is obscured during the partial phases of a solar eclipse, the remaining crescent Sun is still intense enough to cause a retinal burn, even though illumination levels are comparable to twilight (Chou, 1981, 1996; Marsh, 1982). Failure to use proper observing methods may result in permanent eye damage or severe visual loss. This can have important adverse effects on career choices and earning potential, since it has been shown that most individuals who sustain eclipse-related eye injuries are children and young adults (Penner and McNair, 1966; Chou and Krailo, 1981).

The same techniques for observing the Sun outside of eclipses are used to view and photograph annular solar eclipses and the partly eclipsed Sun (Sherrod, 1981; Pasachoff, 2000; Pasachoff & Covington, 1993; Reynolds & Sweetsir, 1995). The safest and most inexpensive method is by projection. A pinhole or small opening is used to form an image of the Sun on a screen placed about a meter behind the opening. Multiple openings in perfboard, a loosely woven straw hat, or even between interlaced fingers can be used to cast a pattern of solar images on a screen. A similar effect is seen on the ground below a broad-leafed tree: the many "pinholes" formed by overlapping leaves creates hundreds of crescent-shaped images. Binoculars or a small telescope mounted on a tripod can also be used to project a magnified image of the Sun onto a white card. All of these methods can be used to provide a safe view of the partial phases of an eclipse to a group of observers, but care must be taken to ensure that no-one looks through the device. The main advantage of the projection methods is that nobody is looking directly at the Sun. The disadvantage of the pinhole method is that the screen must be placed at least a meter behind the opening to get a solar image that is large enough to see easily.

The Sun can only be viewed directly when filters specially designed to protect the eyes are used. Most of these filters have a thin layer of chromium alloy or aluminum deposited on their surfaces that attenuates both visible and near-infrared radiation. A safe solar filter should transmit less than 0.003% (density~4.5)[1] of visible light (380 to 780 nm) and no more than 0.5% (density~2.3) of the near-infrared radiation (780 to 1400 nm). Figure 3.1 shows transmittance curves for a selection of safe solar filters.

One of the most widely available filters for safe solar viewing is shade number 14 welder's glass, which can be obtained from welding supply outlets. A popular inexpensive alternative is aluminized polyester[2] that has been made specially for solar observation. ("Space blankets" and aluminized polyester used in gardening are NOT suitable for this purpose!) Unlike the welding glass, aluminized polyester can be cut to fit any viewing device, and doesn't break when dropped. It has recently been pointed out that some aluminized polyester filters may have large (up to approximately 1 mm in size) defects in their aluminum coatings that may be hazardous. A microscopic analysis of examples of such defects shows that despite their appearance, the defects arise from a hole in one of the two aluminized polyester films used in the filter. There is no large opening completely devoid of the protective aluminum coating. While this is a quality control problem, the presence of a defect in the aluminum coating does not necessarily imply that the filter is hazardous. When in doubt, an aluminized polyester solar filter that has coating defects larger than 0.2 mm in size, or more than a single defect in any 5 mm circular zone of the filter, should not be used.

An alternative to aluminized polyester solar filter material that has become quite popular is "black polymer" in which carbon particles are suspended in a resin matrix. This material is somewhat stiffer than polyester and requires a special holding cell if it is to be used at the front of binoculars, telephoto lenses or telescopes. Intended mainly as a visual filter, the polymer gives a yellow image of the Sun (aluminized polyester produces a blue-white image). This type of filter may show significant variations in density of the tint across its extent; some areas may appear much lighter than others. Lighter areas of the filter transmit more infrared radiation than may be desirable. A recent development is a filter that consists of aluminum-coated black polymer. Combining the best features of polyester and black polymer, this new material may eventually replace both as the filter of choice in solar eclipse viewers. The transmittance curve of one of these hybrid filters (Polymer Plus™ by Thousand Oaks Optical) is shown in Figure 3.1. Another material, Baader AstroSolar Safety Film, can be used for both visual and photographic solar observations. It is an ultrathin resin film with excellent optical quality and less scattered light than most polyester filters.

---

[1] In addition to the term transmittance (in percent), the energy transmission of a filter can also be described by the term density (unitless) where density 'd' is the common logarithm of the reciprocal of transmittance 't' or $d = \log_{10}[1/t]$. A density of '0' corresponds to a transmittance of 100%; a density of '1' corresponds to a transmittance of 10%; a density of '2' corresponds to a transmittance of 1%, etc....

[2] Aluminized polyester is popularly known as mylar. DuPont actually owns the trademark "Mylar™" and does not manufacture this material for use as a solar filter.

Many experienced solar observers use one or two layers of black-and-white film that has been fully exposed to light and developed to maximum density. The metallic silver contained in the film emulsion is the protective filter; however any black-and-white negative with images in it is not suitable for this purpose. More recently, solar observers have used floppy disks and compact disks (CDs and CD-ROMs) as protective filters by covering the central openings and looking through the disk media. However, the optical quality of the solar image formed by a floppy disk or CD is relatively poor compared to aluminized polyester or welder's glass. Some CDs are made with very thin aluminum coatings that are not safe - if you can see through the CD in normal room lighting, don't use it!! No filter should be used with an optical device (e.g., binoculars, telescope, camera) unless it has been specifically designed for that purpose and is mounted at the front end. Some sources of solar filters are listed below.

Unsafe filters include color film, black-and-white film that contains no silver, film negatives with images on them, smoked glass, sunglasses (single or multiple pairs), photographic neutral density filters and polarizing filters. Most of these transmit high levels of invisible, infrared radiation which can cause a thermal retinal burn (see Figure 3.1). The fact that the Sun appears dim, or that you feel no discomfort when looking at the Sun through the filter, is no guarantee that your eyes are safe. Solar filters designed to thread into eyepieces that are often provided with inexpensive telescopes are also unsafe. These glass filters often crack unexpectedly from overheating when the telescope is pointed at the Sun, and retinal damage can occur faster than the observer can move the eye from the eyepiece. Avoid unnecessary risks. Your local planetarium, science central, or amateur astronomy club can provide additional information on how to observe the eclipse safely.

There are some concerns that UVA radiation (wavelengths between 315 and 380 nm) in sunlight may also adversely affect the retina (Del Priore, 1991). While there is some experimental evidence for this, it only applies to the special case of aphakia, where the natural lens of the eye has been removed because of cataract or injury, and no UV-blocking spectacle, contact or intraocular lens has been fitted. In an intact normal human eye, UVA radiation does not reach the retina because it is absorbed by the crystalline lens. In aphakia, normal environmental exposure to solar UV radiation may indeed cause chronic retinal damage. However, the solar filter materials discussed in this article attenuate solar UV radiation to a level well below the minimum permissible occupational exposure for UVA (ACGIH, 1994), so an aphakic observer is at no additional risk of retinal damage when looking at the Sun through a proper solar filter.

In the days and weeks before a solar eclipse occurs, there are often news stories and announcements in the media, warning about the dangers of looking at the eclipse. Unfortunately, despite the good intentions behind these messages, they frequently contain misinformation, and may be designed to scare people from seeing the eclipse at all. However, this tactic may backfire, particularly when the messages are intended for students. A student who heeds warnings from teachers and other authorities not to view the eclipse because of the danger to vision, and learns later that other students did see it safely, may feel cheated out of the experience. Having now learned that the authority figure was wrong on one occasion, how is this student going to react when other health-related advice about drugs, AIDS, or smoking is given? Misinformation may be just as bad, if not worse than no information (Pasachoff, 2001).

3.02 SOURCES FOR SOLAR FILTERS

A brief list of sources for solar filters appears below. For additional sources, see advertisements in *Astronomy* and/or *Sky & Telescope* magazines. The inclusion of any source on this list does not imply an endorsement of that source by the authors or NASA.

- American Paper Optics, 3080 Bartlett Corporate Drive, Bartlett, TN 38133.   (800)767-8427
- Celestron International, 2835 Columbia St., Torrance, CA 90503.   (310) 328-9560
- Meade Instruments Corporation, 16542 Millikan Ave., Irvine, CA 92714.   (714) 756-2291
- Orion Telescopes and Binoculars, P.O. Box 1815, Santa Cruz, CA 95061-1815.   (800) 447-1001
- Pocono Mountain Optics, 104 NP 502 Plaza, Moscow, PA 18444.   (717) 842-1500
- Rainbow Symphony, Inc., 6860 Canby Ave., #120, Reseda, CA 91335   (800) 821-5122 *
- Thousand Oaks Optical, Box 5044-289, Thousand Oaks, CA 91359.   (805) 491-3642 *

- Khan Scope Centre, 3243 Dufferin Street, Toronto, Ontario, Canada M6A 2T2   (416) 783-4140
- Perceptor Telescopes TransCanada, Brownsville Junction Plaza, Box 38,
  Schomberg, Ontario, Canada L0G 1T0   (905) 939-2313
- Starfield Scientific, PO Box 232, Port Kembla, NSW 2505, Australia   0425 235804

* sources for inexpensive hand held solar filters and eclipse glasses

3.03 IAU SOLAR ECLIPSE EDUCATION COMMITTEE

In order to ensure that astronomers and public health authorities have access to information on safe viewing practices, the Commission on Astronomy Education and Development of the International Astronomical Union, the international organization for professional astronomers, set up a Solar Eclipse Education Committee. Under Prof. Jay M. Pasachoff of Williams College, the Committee has assembled information on safe methods of observing the Sun and solar eclipses, eclipse-related eye injuries, and samples of educational materials on solar eclipses (see: http://www.eclipses.info).

For more information, contact Prof. Jay M. Pasachoff, Hopkins Observatory, Williams College, Williamstown, MA 01267, USA (e-mail: jay.m.pasachoff@williams.edu). Information on safe solar filters can be obtained by contacting Dr. B. Ralph Chou (e-mail: bchou@sciborg.uwaterloo.ca).

3.04 ECLIPSE PHOTOGRAPHY

From a photographic perspective, annular eclipses are similar to partial eclipses. They both require the use of safe solar filters as described in the previous section. The partial phases of total eclipses also require filters. Only the total phase can be viewed and photographed without a filter.

Almost any kind of camera with manual controls can be used to capture these rare events. However, a lens with a fairly long focal length is recommended to produce as large an image of the Sun as possible. A standard 50 mm lens yields a minuscule 0.5 mm image, while a 200 mm telephoto or zoom produces a 1.9 mm image. A better choice would be one of the small, compact catadioptic or mirror lenses that have become widely available in the past ten years. The focal length of 500 mm is most common among such mirror lenses and yields a solar image of 4.6 mm. Adding a 2x tele-converter will produce a 1000 mm focal length, which doubles the Sun's size to 9.2 mm. Focal lengths in excess of 1000 mm usually fall within the realm of amateur telescopes. If full disk photography of the Sun on 35 mm format is planned, the focal length of the optics must not exceed 2600 mm. However, since most cameras don't show the full extent of the image in their viewfinders, a more practical limit is about 2000 mm. Longer focal lengths permit photography of only a magnified portion of the Sun's disk. For November's total eclipse, a focal length no longer than 1500 mm is recommended in order to capture the solar corona. However, a focal length of 1000 mm requires less critical framing and can capture some of the longer coronal streamers. For any particular focal length, the diameter of the Sun's image is approximately equal to the focal length divided by 109 (Table 3.1).

A solar filter must be used on the lens throughout the partial phases (and annularity) for both photography and viewing. Such filters can be obtained through manufacturers and dealers listed in Sky & Telescope and Astronomy magazines (see: SOURCES FOR SOLAR FILTERS). These filters typically attenuate the Sun's visible and infrared energy by a factor of 100,000. However, the actual filter factor and choice of ISO film speed will play critical roles in determining the correct photographic exposure. Almost any speed film can be used since the Sun gives off abundant light. The easiest method for determining the correct exposure is accomplished by running a calibration test on the uneclipsed Sun. Shoot a roll of film of the mid-day Sun at a fixed aperture (f/8 to f/16) using every shutter speed between 1/1000 and 1/4 second. After the film is developed, note the best exposures and use them to photograph all the partial phases. The Sun's surface brightness remains constant throughout the eclipse, so no exposure compensation is needed except for the crescent phases (and annularity) which require two more stops due to solar limb darkening. Bracketing by several stops is also necessary if haze or clouds

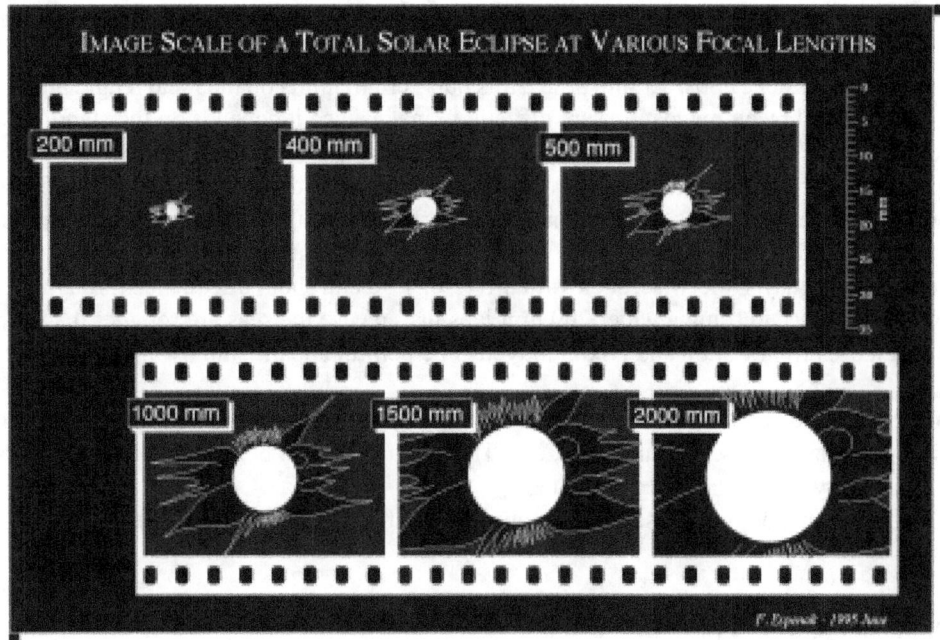

interfere on eclipse day. This is especially true for the May 31 annular eclipse which occurs low on the horizon. A camera with a built in spot meter would be of great value in determining the exposure. If the haze is thick enough, you may need to remove the solar filter in order to see and photograph the annular eclipse, but extreme caution must be used.

For November's eclipse, the most spectacular and awe inspiring phase is totality. For two brief minutes, the Sun's pearly white corona, red prominences and chromosphere are visible. The most important point to remember is that during the total phase, all solar filters must be removed! The corona is a million times fainter than the photosphere, so photographs of the corona must be made without a filter. It is completely safe to view the totally eclipsed Sun directly with the naked eye. No filters are needed and they will only hinder your view. The average brightness of the corona varies inversely with the distance from the Sun's limb. The inner corona is far brighter than the outer corona. Thus, no single exposure can capture its full dynamic range. The best strategy is to choose one aperture or f/number and bracket the exposures over a range of shutter speeds (i.e., 1/1000 down to 1 second). Rehearsing this sequence is highly recommended since great excitement accompanies totality and there is little time to think.

Exposure times for various film speeds (ISO), apertures (f/number) and features (chromosphere, prominences, inner, middle and outer corona) are summarized in Table 3.2. The table was developed from eclipse photographs made by Espenak and photographs published in Sky and Telescope. To use the table, first select the ISO film speed in the upper left column. Next, move to the right to the desired aperture or f/number for the chosen ISO. The shutter speeds in that column may be used as starting points for photographing various features and phenomena tabulated in the 'Subject' column at the far left. For example, to photograph prominences using ISO 400 at f/16, the table recommends an exposure of 1/1000. Alternatively, you can calculate the recommended shutter speed using the 'Q' factors tabulated along with the exposure formula at the bottom of Table 3.2. Keep in mind that these exposures are based on a clear sky and a corona of average brightness. You should bracket your exposures one or more stops to take into account the actual sky conditions and the variable nature of these phenomena.

Finally, an eclipse effect that is easily captured with point-and-shoot or automatic cameras should not be overlooked. Use a kitchen sieve or colander and allow its shadow to fall on a piece of white card-board placed several feet away. The holes in the utensil act like pinhole cameras and each one projects its own image of the Sun. The effect can also be duplicated by forming a small aperture with one's hands and watching the ground below. The pinhole camera effect becomes more prominent with increasing eclipse magnitude. Virtually any camera can be used to photograph the phenomenon, but automatic cameras must have their flashes turned off since this would otherwise obliterate the pinhole images.

If photography is done aboard a ship at sea, this puts certain limits on the focal length and shutter speeds that can be used. General recommendations are difficult to make since it depends on the stability of the ship as well as wave heights encountered on eclipse day. Certainly telescopes with focal lengths of 1000 mm or more can be ruled out since their small fields of view would require the ship to remain virtually motionless and this is rather unlikely even given calm seas. A 500 mm lens might be a safe upper limit in focal length. ISO 400 is a good film speed choice for photography at sea. For the total eclipse, shutter speeds as slow as 1/8 or 1/4 may be tried if the ocean is calm day. Otherwise, stick with a 1/15 or 1/30 and shoot a sequence through 1/1000 second. It might be good insurance to bring a wider 200 mm lens just in case the seas are rougher than expected. New image stabilized lenses from Canon and Nikon may also be helpful aboard ship by allowing the use of slower shutter speeds.

Cold weather and below freezing temperatures will be the greatest challenge especially for travelers to the total eclipse in Antarctica (see ECLIPSES AT COLD TEMPERATURES). The best advice is to keep observing and photography plans very simple and uncomplicated.

For more information on eclipse photography, observations and eye safety, see FURTHER READING in the BIBLIOGRAPHY.

3.05 ECLIPSES AT COLD TEMPERATURES

Along the coast of Antarctica, the average and even the coldest temperatures do not constitute a particularly difficult challenge for astronomy. Commercial telescopes and telescope equipment work reasonably well and cameras will usually function without fatal complaint. The wind chill values will make instruments cool quickly and steal the heat from any warming devices, but will not reduce the temperatures below the ambient values. Battery power is a different story. The power supplied by internal batteries of many cameras and camcorders begins to fail when temperatures fall below -10°C. Batteries must be kept warmer than this if they are to function.

Antarctica's interior temperatures are a far more challenging adversary. Commercial telescopes begin to fail at about -30°C, especially after several hours at those temperatures. Only manual cameras can be trusted, although shutters begin to lock up or fail at -35°C. Chemical warming packs will not work unless boosted by being tucked up against a warm human body, especially if the wind chill is significant. In such a cold weather venue, photographic plans should be modest.

Eyepieces will be quick to frost over when an errant breath of moist air condenses on their cold surfaces, so a spare should be kept within easy reach inside a pocket. Camera viewfinders are similarly affected. Metal stings immediately, and so a thin inner glove can permit fine adjustments possible at the last critical moments. Latex medical gloves can prevent hands from sticking to metal, but these provide no warmth and leave hands feeling clammy. However, they do prevent the skin from drying and cracking.

Cold and dry air brings static electrical discharges within the camera body that can leave jagged streaks across film that is advanced too rapidly. Motor driven cameras are most likely to suffer this fate. All film should be advanced slowly and carefully to avoid the discharges and breaking the brittle film. With average temperatures, cameras and telescopes should be able to tough it out in the interior. Below normal temperatures will be too much without supplementary heating but even something as simple as covering equipment in a black cloth to absorb whatever energy the Sun can offer may bring sufficient warming to make eclipse observation and photography more successful.

Cameras are best kept inside a coat against the skin and brought out for photography when needed. The eclipse is short and warm equipment will not cool so quickly that it fails in the time available. Attaching cameras to telescopes is more difficult, but even at -30°C, bare hands can be used for a half-minute to make a final adjustments. Small parts don't have a great heat capacity and won't usually burn in a short minute but large metal objects can produce a very quick frostbite.

Winds can play havoc with eclipse plans, especially along coastal Antarctica where average speeds are nearly twice those inland. For the most part prevailing winds tend to come out of the south and southeast, the same direction in which the Sun lies during the eclipse. Windbreaks will have to be selected carefully to avoid blocking the eclipse if they can be used at all.

Warmth is critical if the eclipse is to be enjoyed and in Antarctic conditions this means several layers of clothing. For average conditions on the coast with modest winds the following might suffice:

- Long underwear or tights under loose-fitting pants
- Two pair of socks, one light and the other heavier, made of wool or similar material
- T-shirt and regular shirt
- Light undercoat – a summer jacket would do here
- Well-insulated winter coat. Synthetic fillings are no match for goose down.
- Pair of light bicycle gloves covered by more substantial mitts or gloves
- Hat that can cover the ears
- Insulated boots

For colder interior temperatures the following should be added or substituted:

- Winter boots with high tops, thick insoles and warm liners
- Outer wind pants, preferably filled with down, and loose fitting (snowmobile pants)
- Heavy mitts with lighter gloves inside
- Chemical hand-warmers, tucked into a convenient pocket or loose-fitting boot. Be careful!
- Long down-filled winter coat with a hood. Don't keep the hood up when working with equipment as it will trap moisture that can freeze on optical surfaces.
- Balaclava to cover the face, except for eyes and mouth

3.06 IAU Working Group on Eclipses

Professional scientists are asked to send descriptions of their eclipse plans to the Working Group on Eclipses of the International Astronomical Union, so that they can keep a list of observations planned. Send such descriptions, even in preliminary form, to:

International Astronomical Union Working Group on Eclipses
Prof. Jay M. Pasachoff, Chair   web: www.williams.edu/astronomy/IAU_eclipses
Williams College-Hopkins Observatory   email: jay.m.pasachoff@williams.edu
Williamstown, MA 01267, USA   FAX: (413) 597-3200

The members of the Working Group on Eclipses of the Solar Division of the International Astronomical Union are: Jay M. Pasachoff (USA), Chair; F. Clette (Belgium), F. Espenak (USA); Iraida Kim (Russia); Francis Podmore (Zimbabwe); V. Rusin (Slovakia); Jagdev Singh (India); Yoshinori Suematsu (Japan); consultant: J. Anderson (Canada).

The web site of the Program Group on Public Education at the Times of Eclipses of the Education and Development commission of the IAU is www.eclipses.info.

3.07 International Solar Eclipse Conference

An international Solar Eclipse Conference 2004 (SEC2004) will be held on 2004 Aug 20-22 at Open University, Milton Keynes, England. The main objective of the conference is to bring together professionals and amateurs to discuss all aspects of solar eclipses. Two days of lectures will be given in each of the following disciplines: predictions, mathematics, solar physics, weather forecasting, eye safety, diameter measuring, edge and central, and ancient eclipse research. Both past and future solar eclipses will be discussed, as well as the 2004 transit of Venus. For registration and more details, contact Patrick Poitevin (email: solareclipsewebpages@btopenworld.com) or visit the SEC2004 web page:

http://solareclipsewebpages.users.btopenworld.com/SEC_files/SEC2004.html

3.08 NASA Eclipse Bulletins on Internet

To make the NASA solar eclipse bulletins accessible to as large an audience as possible, these publications are also available via the Internet. This was made possible through the efforts and expertise of Dr. Joe Gurman (GSFC/Solar Physics Branch).

NASA eclipse bulletins can be read or downloaded via the World-Wide Web using a Web browser (e.g.: Netscape, Microsoft Explorer, etc.) from the GSFC SDAC (Solar Data Analysis Center) Eclipse Information home page, or from top-level URL's for the currently available eclipse bulletins themselves:

http://umbra.nascom.nasa.gov/eclipse/	(SDAC Eclipse Information)
http://umbra.nascom.nasa.gov/eclipse/941103/rp.html	(1994 Nov 3)
http://umbra.nascom.nasa.gov/eclipse/951024/rp.html	(1995 Oct 24)
http://umbra.nascom.nasa.gov/eclipse/970309/rp.html	(1997 Mar 9)
http://umbra.nascom.nasa.gov/eclipse/980226/rp.html	(1998 Feb 26)
http://umbra.nascom.nasa.gov/eclipse/990811/rp.html	(1999 Aug 11)
http://umbra.nascom.nasa.gov/eclipse/010621/rp.html	(2001 Jun 21)
http://umbra.nascom.nasa.gov/eclipse/021204/rp.html	(2002 Dec 04)
http://umbra.nascom.nasa.gov/eclipse/2003/rp.html	(2003 eclipses)

The original Microsoft Word text files, GIF and PICT figures (Macintosh format) are also available via anonymous ftp. They are stored as BinHex-encoded, StuffIt-compressed Mac folders with .hqx suffixes. For PC's, the text is available in a zip-compressed format in files with the .zip suffix. There are three sub directories for figures (GIF format), maps (JPEG format), and tables (html tables, easily readable as plain text). Some of the newer bulletins are also available in pdf format.

Current plans call for making all future NASA eclipse bulletins available over the Internet, at or before publication of each. The primary goal is to make the bulletins available to as large an audience as possible. Thus, some figures or maps may not be at their optimum resolution or format. Comments and suggestions are actively solicited to fix problems and improve on compatibility and formats.

3.09 Future Eclipse Paths on Internet

Presently, the NASA eclipse bulletins are published 12 to 24 months before each eclipse. However, there have been a growing number of requests for eclipse path data with an even greater lead time. To accommodate the demand, predictions have been generated for all central solar eclipses from 1991 through 2030. All predictions are based on j=2 ephemerides for the Sun [Newcomb, 1895] and Moon [Brown, 1919, and Eckert, Jones and Clark, 1954]. The value used for the Moon's secular acceleration is n-dot = -26 arc-sec/cy^2, as deduced by

Morrison and Ward [1975]. A correction of -0.6" was added to the Moon's ecliptic latitude to account for the difference between the Moon's central of mass and central of figure. The value for ΔT is from direct measurements during the 20th century and extrapolation into the 21st century. The value used for the Moon's mean radius is $k=0.272281$.

The umbral path characteristics have been predicted at 2 minute intervals of time compared to the 6 minute interval used in *Fifty Year Canon of Solar Eclipses: 1986–2035* [Espenak, 1987]. This should provide enough detail for making preliminary plots of the path on larger scale maps. Global maps using an orthographic projection also present the regions of partial and total (or annular) eclipse. The index page for the path tables and maps is:

http://sunearth.gsfc.nasa.gov/eclipse/SEpath/SEpath.html

3.10 Special Web Sites for 2003 Solar Eclipses

Two special web sites have been set up to supplement this bulletin with additional predictions, tables and data for the solar eclipses of 2003. The URL's of these two web sites are:

http://sunearth.gsfc.nasa.gov/eclipse/ASE2003/ASE2003.html
http://sunearth.gsfc.nasa.gov/eclipse/TSE2003/TSE2003.html

3.11 Predictions for Eclipse Experiments

This publication provides comprehensive information on the 2003 solar eclipses to both the professional and amateur/lay communities. However, certain investigations and eclipse experiments may require additional information which lies beyond the scope of this work. We invite the international professional community to contact us for assistance with any aspect of eclipse prediction including predictions for locations not included in this publication, or for more detailed predictions for a specific location (e.g.: lunar limb profile and limb corrected contact times for an observing site).

This service is offered for the 2003 eclipses as well as for previous eclipses in which analysis is still in progress. To discuss your needs and requirements, please contact Fred Espenak (espenak@gsfc.nasa.gov).

3.12 Mean Lunar Radius

A fundamental parameter used in eclipse predictions is the Moon's radius k, expressed in units of Earth's equatorial radius. The Moon's actual radius varies as a function of position angle and libration due to the irregularity in the limb profile. From 1968 through 1980, the Nautical Almanac Office used two separate values for k in their predictions. The larger value ($k=0.2724880$), representing a mean over topographic features, was used for all penumbral (exterior) contacts and for annular eclipses. A smaller value ($k=0.272281$), representing a mean minimum radius, was reserved exclusively for umbral (interior) contact calculations of total eclipses [*Explanatory Supplement*, 1974]. Unfortunately, the use of two different values of k for umbral eclipses introduces a discontinuity in the case of hybrid or annular-total eclipses.

In August 1982, the International Astronomical Union (IAU) General Assembly adopted a value of $k=0.2725076$ for the mean lunar radius. This value is now used by the Nautical Almanac Office for all solar eclipse predictions [Fiala and Lukac, 1983] and is currently the best mean radius, averaging mountain peaks and low valleys along the Moon's rugged limb. The adoption of one single value for k eliminates the discontinuity in the case of annular-total eclipses and ends confusion arising from the use of two different values. However, the use of even the best 'mean' value for the Moon's radius introduces a problem in predicting the true character and duration of umbral eclipses, particularly total eclipses. A total eclipse can be defined as an eclipse in which the Sun's disk is completely occulted by the Moon. This cannot occur so long as any photospheric rays are visible through deep valleys along the Moon's limb [Meeus, Grosjean and Vanderleen, 1966]. But the use of the IAU's mean k guarantees that some annular or annular-total eclipses will be misidentified as total. A case in point is the eclipse of 3 October 1986. Using the IAU value for k, the *Astronomical Almanac* identified this event as a total eclipse of 3 seconds duration when it was, in fact, a beaded annular eclipse. Since a smaller value of k is more representative of the deeper lunar valleys and hence the minimum solid disk radius, it helps ensure the correct identification of an eclipse's true nature.

Of primary interest to most observers are the times when umbral eclipse begins and ends (second and third contacts, respectively) and the duration of the umbral phase. When the IAU's value for k is used to calculate these times, they must be corrected to accommodate low valleys (total) or high mountains (annular) along the Moon's limb. The calculation of these corrections is not trivial but must be performed, especially if one plans to observe near the path limits [Herald, 1983]. For observers near the center line of a total eclipse, the limb corrections can be more closely approximated by using a smaller value of k which accounts for the valleys along the profile.

This publication uses the IAU's accepted value of $k=0.2725076$ for all penumbral (exterior) contacts. In order to avoid eclipse type misidentification and to predict central durations which are closer to the actual durations at total eclipses, we depart from standard convention by adopting the smaller value of $k=0.272281$ for all umbral (interior) contacts. This is consistent with predictions in *Fifty Year Canon of Solar Eclipses: 1986–2035* [Espenak, 1987]. Consequently, the smaller k produces shorter umbral durations and narrower paths for total eclipses when compared with calculations using the IAU value for k. Similarly, predictions using a smaller k result in longer umbral durations and wider paths for annular eclipses than do predictions using the IAU's k.

3.13 ALGORITHMS, EPHEMERIDES AND PARAMETERS

Algorithms for the eclipse predictions were developed by Espenak primarily from the *Explanatory Supplement* [1974] with additional algorithms from Meeus, Grosjean and Vanderleen [1966] and Meeus [1982]. The solar and lunar ephemerides were generated from the JPL DE200 and LE200, respectively. All eclipse calculations were made using a value for the Moon's radius of $k=0.2722810$ for umbral contacts, and $k=0.2725076$ (adopted IAU value) for penumbral contacts. Center of mass coordinates were used except where noted. Extrapolating from 2002 to 2003, a value for ΔT of 64.7 and 64.8 seconds for the May and November eclipses, respectively, was used to convert the predictions from Terrestrial Dynamical Time to Universal Time. The international convention of presenting date and time in descending order has been used throughout the bulletin (i.e., *year, month, day, hour, minute, second*).

The primary source for geographic coordinates used in the local circumstances tables is *The New International Atlas* (Rand McNally, 1991). Coordinates for research stations in Antarctica are from *www.scar.org/Antarctic%20Info/wintering_stations_2000.htm*. Elevations for major cities were taken from *Climates of the World* (U.S. Dept. of Commerce, 1972).

All eclipse predictions presented in this publication were generated on a Macintosh G4 iMac computer. Word processing and page layout for the publication were done using Microsoft Word v5.1. Figures were annotated with Claris MacDraw Pro 1.5. Meteorological diagrams and tables were prepared using Microsoft Excel 98.

The names and spellings of countries, cities and other geopolitical regions are not authoritative, nor do they imply any official recognition in status. Corrections to names, geographic coordinates and elevations are actively solicited in order to update the data base for future eclipses. All calculations, diagrams and opinions presented in this publication are those of the authors and they assume full responsibility for their accuracy.

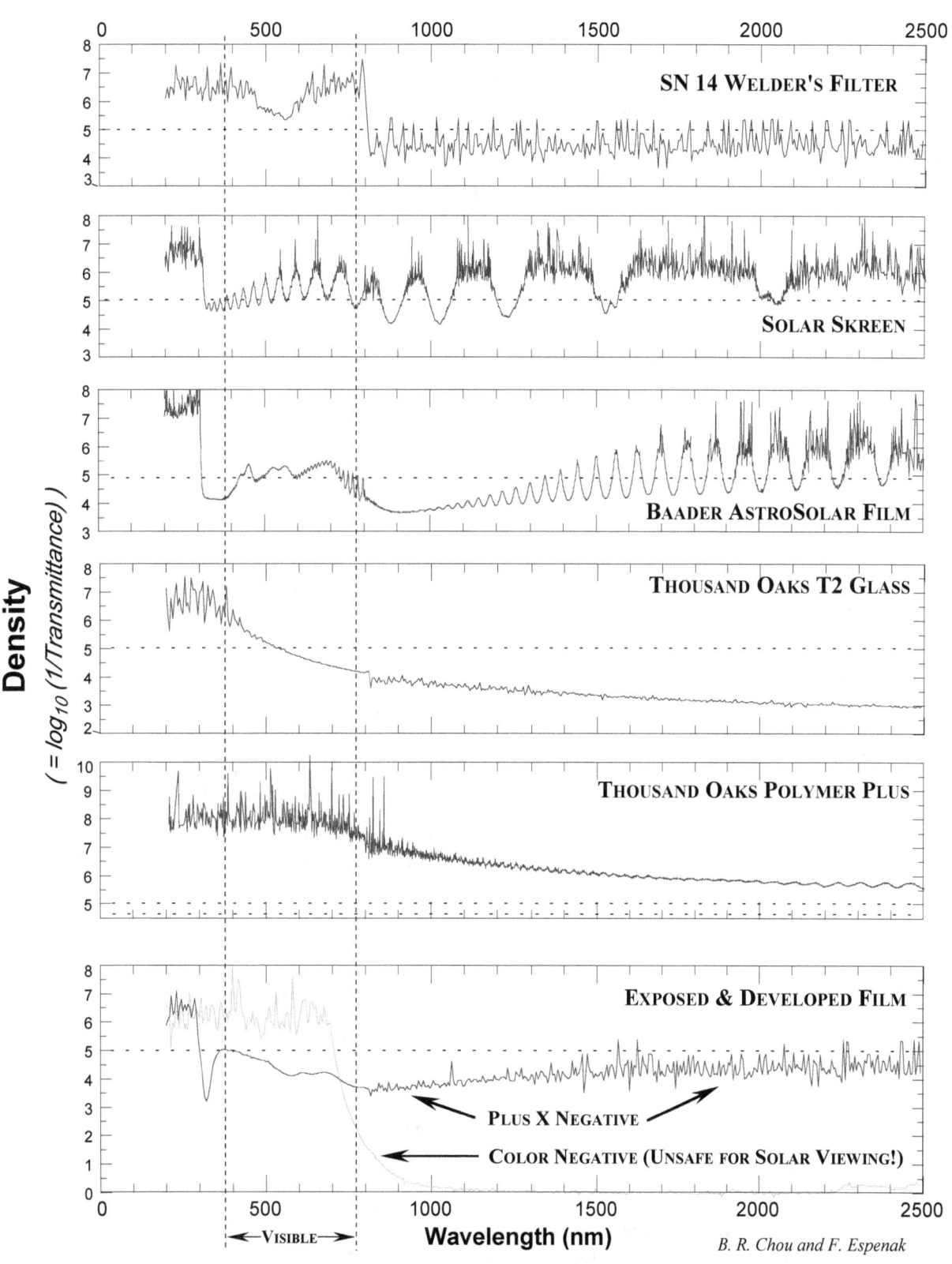

FIGURE 3.1 - SPECTRAL RESPONSE OF SOME COMMONLY AVAILABLE SOLAR FILTERS

TABLE 3.1

35 MM FIELD OF VIEW AND SIZE OF SUN'S IMAGE FOR VARIOUS PHOTOGRAPHIC FOCAL LENGTHS

Focal Length	Field of View	Size of Sun
28 mm	49° x 74°	0.2 mm
35 mm	39° x 59°	0.3 mm
50 mm	27° x 40°	0.5 mm
105 mm	13° x 19°	1.0 mm
200 mm	7° x 10°	1.8 mm
400 mm	3.4° x 5.1°	3.7 mm
500 mm	2.7° x 4.1°	4.6 mm
1000 mm	1.4° x 2.1°	9.2 mm
1500 mm	0.9° x 1.4°	13.8 mm
2000 mm	0.7° x 1.0°	18.4 mm
2500 mm	0.6° x 0.8°	22.9 mm

Image Size of Sun (mm) = Focal Length (mm) / 109

TABLE 3.2

SOLAR ECLIPSE EXPOSURE GUIDE

ISO				f/Number				
25	1.4	2	2.8	4	5.6	8	11	16	22
50	2	2.8	4	5.6	8	11	16	22	32
100	2.8	4	5.6	8	11	16	22	32	44
200	4	5.6	8	11	16	22	32	44	64
400	5.6	8	11	16	22	32	44	64	88
800	8	11	16	22	32	44	64	88	128
1600	11	16	22	32	44	64	88	128	176

Subject	Q				Shutter Speed				
Solar Eclipse									
Partial[1] - 4.0 ND	11	—	—	—	1/4000	1/2000	1/1000	1/500	1/250	1/125
Partial[1] - 5.0 ND	8	1/4000	1/2000	1/1000	1/500	1/250	1/125	1/60	1/30	1/15
Baily's Beads[2]	11	—	—	—	1/4000	1/2000	1/1000	1/500	1/250	1/125
Chromosphere	10	—	—	1/4000	1/2000	1/1000	1/500	1/250	1/125	1/60
Prominences	9	—	1/4000	1/2000	1/1000	1/500	1/250	1/125	1/60	1/30
Corona - 0.1 Rs	7	1/2000	1/1000	1/500	1/250	1/125	1/60	1/30	1/15	1/8
Corona - 0.2 Rs[3]	5	1/500	1/250	1/125	1/60	1/30	1/15	1/8	1/4	1/2
Corona - 0.5 Rs	3	1/125	1/60	1/30	1/15	1/4	1/2	1 sec	2 sec
Corona - 1.0 Rs	1	1/30	1/15	1/8	1/4	1/2	1 sec	2 sec	4 sec	8 sec
Corona - 2.0 Rs	0	1/15	1/8	1/4	1/2	1 sec	2 sec	4 sec	8 sec	15 sec
Corona - 4.0 Rs	-1	1/8	1/4	1/2	1 sec	2 sec	4 sec	8 sec	15 sec	30 sec
Corona - 8.0 Rs	-3	1/2	1 sec	2 sec	4 sec	8 sec	15 sec	30 sec	1 min	2 min

Exposure Formula: $t = f^2 / (I \times 2^Q)$ where: t = exposure time (sec)
  f = f/number or focal ratio
  I = ISO film speed
  Q = brightness exponent

Abbreviations: ND = Neutral Density Filter.
  Rs = Solar Radii.

Notes: [1] Exposures for partial phases are also good for annular eclipses.
  [2] Baily's Beads are extremely bright and change rapidly.
  [3] This exposure also recommended for the 'Diamond Ring' effect.

F. Espenak - 2002

BIBLIOGRAPHY

REFERENCES

Bretagnon, P., and Simon, J.L., *Planetary Programs and Tables from -4000 to +2800*, Willmann-Bell, Richmond, 1986.

Dunham, J.B, Dunham, D.W. and Warren, W.H., *IOTA Observer's Manual*, (draft copy), 1992.

Espenak, F., *Fifty Year Canon of Solar Eclipses: 1986–2035*, NASA RP-1178, Greenbelt, Md., 1987.

Explanatory Supplement to the Astronomical Ephemeris and the American Ephemeris and Nautical Almanac, Her Majesty's Nautical Almanac Office, London, 1974.

Herald, D., "Correcting Predictions of Solar Eclipse Contact Times for the Effects of Lunar Limb Irregularities," *J. Brit. Ast. Assoc.*, 1983, **93**, 6.

Littmann, M., Willcox, K. and Espenak, F., *Totality, Eclipses of the Sun*, Oxford University Press, New York, 1999.

Meeus, J., *Astronomical Formulae for Calculators*, Willmann-Bell, Inc., Richmond, 1982.

Meeus, J., Grosjean, C., and Vanderleen, W., *Canon of Solar Eclipses*, Pergamon Press, New York, 1966.

Morrison, L.V., "Analysis of lunar occultations in the years 1943–1974...," *Astr. J.*, 1979, 75, 744.

Morrison, L.V., and Appleby, G.M., "Analysis of lunar occultations - III. Systematic corrections to Watts' limb-profiles for the Moon," *Mon. Not. R. Astron. Soc.*, 1981, **196**, 1013.

Pasachoff, J.M., and Nelson, B.O., "Timing of the 1984 Total Solar Eclipse and the Size of the Sun," *Solar Physics*, 1987, **108**, 191–194

Stephenson, F.R., *Historical Eclipses and Earth's Rotation*, Cambridge/New York: Cambridge University Press, 1997 (p. 406).

The New International Atlas, Rand McNally, Chicago/New York/San Francisco, 1991.

van den Bergh, G., *Periodicity and Variation of Solar (and Lunar) Eclipses*, Tjeenk Willink, Haarlem, Netherlands, 1955.

Watts, C.B., "The Marginal Zone of the Moon," *Astron. Papers Amer. Ephem.*, 1963, **17**, 1-951.

METEOROLOGY

Climates of the World, U.S. Dept. of Commerce, Washington, D.C., 1972.

Karoly, David J. and Dayton G. Vincent, (eds.), *Meteorology of the Southern Hemisphere*. American Meteorological Society, Boston, 1998.

International Station Meteorological Climate Summary; Vol 4.0 (CD ROM), National Climatic Data Center, Asheville, N.C., 1996.

Warren, Stephen G., Carole J. Hahn, Julius London, Robert M. Chervin and Roy L. Jenne, *Global Distribution of Total Cloud Cover and Cloud Type Amounts Over Land*, National Center for Atmospheric Research, Boulder, Colo., 1986.

World WeatherDisc (CD ROM), WeatherDisc Associates Inc., Seattle, Wash., 1990.

EYE SAFETY

American Conference of Governmental Industrial Hygienists, "Threshold Limit Values for Chemical Substances and Physical Agents and Biological Exposure Indices," ACGIH, Cincinnati, 1996, p.100.

Chou, B.R., "Safe Solar Filters," *Sky & Telescope*, August 1981, 62:2, 119.

Chou, B.R., "Solar Filter Safety," *Sky & Telescope*, February 1998, 95:2, 119.

Chou, B.R., "Eye safety during solar eclipses - myths and realities," in Z. Mouradian & M. Stavinschi (eds.) *Theoretical and Observational Problems Related to Solar Eclipses, Proceedings of a NATO Advanced Research Workshop*. Kluwer Academic Publishers, Dordrecht, 1996, pp. 243–247.

Chou, B.R. and Krailo, M.D., "Eye injuries in Canada following the total solar eclipse of 26 February 1979," *Can. J. Optometry*, 1981, 43(1):40.

Del Priore, L.V., "Eye damage from a solar eclipse" in Littmann, M., Willcox, K. and Espenak, F., *Totality, Eclipses of the Sun*, Oxford University Press, New York, 1999, pp. 140–141.

Marsh, J.C.D., "Observing the Sun in Safety," *J. Brit. Ast. Assoc.*, 1982, **92**, 6.

Pasachoff, J.M., "Solar Eclipses and Public Education," in L. Gouguenheim, D. McNally, and J.R. Percy, eds., New Trends in Astronomy Teaching, IAU Colloquium 162 (London), published 1998, Astronomical Society of the Pacific Conference Series, pp. 202–204.

Pasachoff, J.M. "Public Education in Developing Countries on the Occasions of Eclipses," in Astronomy for Developing Countries, IAU special session at the 24th General Assembly, Alan H. Batten, ed., 2001, pp. 101–106.

Penner, R. and McNair, J.N., "Eclipse blindness – Report of an epidemic in the military population of Hawaii," *Am. J. Ophthalmology*, 1966, 61:1452.

Pitts, D.G., "Ocular effects of radiant energy," in D.G. Pitts & R.N. Kleinstein (eds.) *Environmental Vision: Interactions of the Eye, Vision and the Environment*, Butterworth-Heinemann, Toronto, 1993, p. 151.

FURTHER READING

Allen, D., and Allen, C., *Eclipse*, Allen & Unwin, Sydney, 1987.

Astrophotography Basics, Kodak Customer Service Pamphlet P150, Eastman Kodak, Rochester, 1988.

Brewer, B., *Eclipse*, Earth View, Seattle, 1991.

Brunier, S., Luminet, J. M., Dunlop, S., *Glorious Eclipses*, Cambridge University Press, NY, 2001.

Covington, M., *Astrophotography for the Amateur*, Cambridge University Press, Cambridge, 1999.

Espenak, F., "Total Eclipse of the Sun," *Petersen's PhotoGraphic*, June 1991, p. 32.

Golub, L., and Pasachoff, J.M., *The Solar Corona*, Cambridge University Press, Cambridge, 1997.

Golub, L., and Pasachoff, J., *Nearest Star: The Exciting Science of Our Sun*, Harvard University Press, Cambridge, 2002.

Guillermeir, P., and Koutchmy, *Total Eclipses: Science, Observations, Myths and Legends*, Springer Verlag, Chichester,1999.

Harrington, P. S., *Eclipse!*, John Wiley & Sons, New York, 1997.

Harris, J., and Talcott, R., *Chasing the Shadow*, Kalmbach Pub., Waukesha, 1994.

Irwin, A., *Africa & Madagascar – Total Eclipse 2001 & 2002*, Pradt, Bucks (UK), 2000.

Littmann, M., Willcox, K. and Espenak, F. *Totality, Eclipses of the Sun*, Oxford University Press, New York, 1999.

Mucke, H., and Meeus, J., *Canon of Solar Eclipses: -2003 to +2526*, Astronomisches Büro, Vienna, 1983.

North, G., *Advanced Amateur Astronomy*, Edinburgh University Press, 1991.

Oppolzer, T.R. von, *Canon of Eclipses*, Dover Publications, New York, 1962.

Ottewell, G., The Under-Standing of Eclipses, Astronomical Workshop, Greenville, S.C., 1991.

Pasachoff, J.M., and Covington, M., *Cambridge Guide to Eclipse Photography*, Cambridge University Press, Cambridge and New York, 1993.

Pasachoff, J.M., *Field Guide to the Stars and Planets*, 4th edition, Houghton Mifflin, Boston, 2000.

Reynolds, M.D., and Sweetsir, R. A., *Observe Eclipses*, Astronomical League, Washington, D.C., 1995.

Sherrod, P.C., *A Complete Manual of Amateur Astronomy*, Prentice-Hall, 1981.

Steel, D., *Eclipse*, Joseph Henry Press, Washington D.C., 2001.

Zirker, J.B., *Total Eclipses of the Sun*, Princeton University Press, Princeton, 1995.

Zirker, J.B., *Journey from the Center of the Sun*, Princeton University Press, Princeton, 2002.